AF331488

LECTURES

ET

PROMENADES AGRICOLES

LA MÊME LIBRAIRIE :

Éléments d'agriculture, ouvrage couronné par la Société royale et centrale d'agriculture, en 1840, et approuvé par le Conseil de l'Université pour les écoles normales primaires, par M. J. Bodin, 3ᵉ édition, figures, 1 volume in-12. . . . . **1 fr. 50**

Herbier agricole, ou liste de Plantes les plus communes, avec 110 figures, par M. J. Bodin, 1 vol. in-18, accompagné de planches. Prix, br. . . . . **1 fr. 50**

La culture et la vie des champs, par J. Bodin, 1 volume in-12. . . . . **1 fr. »**

Leçons de chimie agricole, professées en 1847, par M. Malaguti, professeur de chimie près la Faculté des sciences de Rennes. Prix. **4 fr.**

Petit cours de chimie agricole, à l'usage des écoles primaires, par M. Malaguti, professeur de chimie près la Faculté des sciences de Rennes, 1 vol. in-18 de grand-raisin, fig. Prix, br. 1 fr. 25 ; cart. . . . . **1 fr. 40**

Premiers éléments d'industrie manufacturière, ou simples notions sur les procédés en usage pour préparer les objets nécessaires à la nourriture, au logement, à l'habillement, etc. de l'homme. Ouvrage rédigé d'après les traités les plus modernes et destiné à servir de livre de lecture courante dans les écoles primaires, par M. Paul Leguidre, ancien professeur. 2ᵉ édition refondue, 1 vol, in-18. Prix, cart. . . . . **90 c.**

Coulommiers. — Imprimerie de A. MOUSSIN

LECTURES

ET

PROMENADES AGRICOLES

POUR LES ENFANTS DES ÉCOLES PRIMAIRES

Par J. BODIN

DIRECTEUR DE L'ÉCOLE D'AGRICULTURE DE RENNES,
Chevalier de la Légion-d'Honneur.

TROISIÈME ÉDITION

AUGMENTÉE D'UNE PROMENADE ET DE NOMBREUSES OBSERVATIONS.

PARIS

DEZOBRY, E. MAGDELEINE ET Cᵉ, LIBR.-ÉDITEURS,

Rue des Écoles, 78,

Près du Musée de Cluny et de la Sorbonne.

1859

AVERTISSEMENT

Je n'attribuerai pas au mérite de ce petit livre l'empressement avec lequel la première et la seconde édition ont été épuisées : c'est seulement une preuve que l'on s'occupe plus que jamais d'agriculture.

Je répéterai, du reste, que des causeries agricoles pour les enfants ne peuvent être un cours complet ; j'ai donc omis à dessein certains sujets et certains détails qui ne m'ont pas semblé convenir à l'âge de mes lecteurs.

J'ai voulu en quelque sorte les transporter sur les lieux, afin d'animer nos explications en les mêlant à la pratique. Si j'ai pu donner aux enfants de la campagne le goût de leur état, leur en faire apprécier les charmes et les avantages, j'aurai atteint mon but et je m'estimerai fort heureux.

J. BODIN.

Aux Trois-Croix, juillet 1859.

LECTURES

ET

PROMENADES AGRICOLES

POUR LES ENFANTS DES ÉCOLES PRIMAIRES

INTRODUCTION

Mes enfants,

Je voudrais vous convaincre que l'état d'agriculteur en vaut bien un autre, et même qu'il vaut mieux ; qu'en labourant avec votre père, vous serez plus heureux qu'en courant le monde, où vous trouveriez souvent chagrins et désappointements de toute nature.

C'est si vrai, qu'à la fin des carrières les plus brillantes et les plus agitées, la plupart des hommes reviennent à notre état, où ils retrouvent le repos, la paix et le bonheur.

Que ceci nous serve d'enseignement, et, puisque l'agriculture a tant de charmes pour les hommes fatigués du monde, consacrons-lui d'abord notre temps, notre intelligence et toutes nos ressources ; ce sera, il me semble, beaucoup plus sage que de faire un long détour pour n'arriver qu'au même point.

Ne croyez pas, du reste, que l'agriculture ne puisse s'améliorer ni faire de progrès. Comme les autres industries, elle marchera rapidement, lorsqu'on l'étudiera et qu'on se donnera un peu de peine pour sortir d'une routine aveugle.

Il y a cinquante ans, les chemins étaient si mauvais que, pour se rendre d'une commune à une autre, il fallait aller à pied, le long des champs; plus tard, on répara un peu les chemins, et les chevaux purent y passer. Enfin, aujourd'hui, nous allons en charrette et en voiture.

Qu'il y a loin encore d'un bon chemin à cette voie ferrée où la vapeur d'eau emporte d'énormes voitures qui semblent plutôt voler que rouler.

Que de travail, que d'essais n'a-t-il pas fallu ! Eh bien ! notre agriculture obtiendra des succès aussi marqués, lorsque nous aurons fait autant d'efforts.

Je ne vous dirai pas de prendre les nouveautés sans examen ; mais n'imitons pas non plus ces entêtés qui rejettent une bonne méthode uniquement parce qu'elle est nouvelle : ces deux excès sont nuisibles.

Gardez-vous aussi de critiquer ce que la science enseigne, c'est un mauvais moyen de cacher son ignorance.

Nous ne deviendrons pas des savants, tout le monde ne peut pas l'être ; les savants ne peuvent guère faire notre métier, et nous ne pouvons faire le leur ; mais ils rendent d'immenses services en indiquant ce qu'il est bon d'essayer, et nous confirmons leurs théories.

Notre tâche est la plus agréable ; nous jouissons des résultats, et ils n'ont souvent que le travail sec et aride des recherches.

Ne nous séparons donc point d'eux, acceptons la main qu'ils nous tendent, et remercions-les de ce qu'ils veulent bien faire pour nous. Il s'établira ainsi une espèce de fraternité très-utile des deux côtés.

Actuellement, moi qui malheureusement, ne suis pas un savant, mais tout simplement un cultivateur et votre ami, je **veux** essayer de vous donner quelques principes d'agriculture. Plus tard, vous lirez les ouvrages des grands maîtres. En attendant, visitons nos exploitations. Voilà les vacances finies ; faisons quelques promenades pour suivre les travaux les plus importants. Ce sera, je crois, une manière d'étudier très-profitable.

SEPTEMBRE.

1re Promenade.

Fourrages printaniers.

Voilà de belles vaches ; comme elles sont grasses ; elles paraissent toutes bien faites, et leur poil luisant annonce qu'elles ont été bien soignées.

Voyez à côté, dans cette autre prairie, un troupeau maigre et malpropre ; les bêtes ne semblent pas être de la même espèce ; leurs os percent la peau, et certainement le fermier qui les nourrit est peu soigneux. Il ne tirera ni lait ni viande de ces animaux, et leur fumier sera sec et mauvais.

Pourquoi cette grande différence ? Vient-elle du terrain ? Non, assurément. Vient-elle de l'espèce de bétail ? Pas plus, puisque les vaches sont de même race ; mais les premières ont mangé cet hiver des betteraves, des carottes, des pommes de terre et des rutabagas, dont le fermier soigneux avait am-

1.

ple provision, et les autres ont eu pour toute nourriture de la paille et une misérable pâture sur les champs laissés en friche.

Ces deux cultivateurs paient la terre le même prix ; celui dont les vaches sont bien soignées est à son aise et même riche ; l'autre est aussi pauvre que ses vaches, parce qu'il n'a eu aucune prévoyance. Il a fait comme les oiseaux qui ne sèment pas, récoltent où ils peuvent et meurent de faim dans la mauvaise saison. Il faut que l'homme sème s'il veut récolter.

Notre bon fermier sème donc en août et septembre des navets, du colza et du seigle, qui, fauchés au printemps, nourriront abon-damment ses bêtes jusqu'aux trèfles. Ses vaches n'auront point souffert ni maigri; les autres, au contraire, n'auront pris que très-tardivement, au printemps, un peu de graisse qu'elles perdront bientôt. Ainsi, d'un côté, prévoyance et profit, et de l'autre, insouciance et misère.

Quand vous cultiverez, ne perdez pas un instant après la moisson ; donnez un léger labour, un trait de herse ; roulez s'il en est besoin, et semez des navets, du colza, du seigle, etc., si la terre est sèche un coup de rouleau assurera la levée des navets et du colza. Ces fourrages dérobés réussissent bien avec des engrais en poudre, lorsqu'on n'a pas de fumier. Ils seront enlevés assez tôt au printemps pour que vous puissiez faire des betteraves, des pommes de terre, des carottes ou du sarrasin.

On nomme ces fourrages *dérobés*, parce qu'on les dérobe en quelque sorte entre deux cultures plus importantes, à une époque où les mauvais cultivateurs laissent leurs terres en friche.

2ᵉ Promenade.

Récoltes des pommes de terre.

Ces pommes de terre dont les tiges commencent à sécher sont des demi-précoces. Les précoces, ou primes, sont déjà ramassées, et ce n'est qu'en octobre que l'on fait la récolte des tardives.

Pourquoi n'a-t-on pas coupé leurs feuilles pour les donner aux vaches pendant qu'elles étaient fraîches ? Les tubercules des pommes de terre sont une nourriture bien saine pour les hommes et les animaux ; mais il n'en est pas de même des tiges et des feuilles, qui participent un peu des propriétés malfaisantes de presque toutes les plantes de la même famille : elles auraient rendu le troupeau malade, au lieu de le nourrir. La récolte des tubercules eût été considérablement diminuée parce que les feuilles servent aussi bien que les racines, à l'alimentation de la plante et qu'une partie de la sève, qui devait former les pommes de terre, eut été employée en pure perte à produire de nouvelles tiges.

Mais voyez donc ce laboureur qui met la charrue dans son champ de pommes de terre ; il a l'air de les enfouir au lieu de les ramasser.

Approchons un peu. Sa charrue a deux versoirs, et le soc n'est pas tranchant ; aussi les tubercules sont-ils découverts sans être coupés. Deux enfants les ramassent, et une femme remue ensuite la terre avec un râteau ou un crochet à deux dents, pour chercher celles que la charrue a oubliées ou recouvertes. Comme ce travail se fait vite !

Cette charrue à deux versoirs s'appelle buttoir, parce qu'elle sert aussi à butter les pommes de terre, les choux, etc. Quand on n'a pas de buttoir, on peut encore employer une charrue dont on aurait enlevé le coutre.

De quelque manière que vous fassiez ce travail, choisissez un temps sec, afin que la terre ne se pétrisse pas sous les pieds : ce serait mauvais pour le sol, et les tubercules salis se conserveraient moins bien. Si les pommes de terre ne sont pas souvent remuées elles germent, si elles sont placées dans un lieu où le jour pénètre, elles verdissent et perdent leurs bonnes qualités.

3e Promenade.

Plantation du colza.

Nous trouverons peu de colza dans nos promenades. Cependant j'en vois un petit champ qui vient d'être semé, et notre voisin prépare sa terre pour en planter un hectare. Cette culture est bien productive. Quelques personnes la regardent comme épuisante et d'autres vont même jusqu'à dire que le colza diminue la production du froment. Avant de voir le travail de ce laboureur, je veux vous faire remarquer que le colza n'est pas si épuisant que de l'avoine semée après du froment, et que ceux qui n'en font pas n'ont pas plus de froment que ceux qui le cultivent. En effet, on peut mettre le colza après le froment, et on ne pourrait pas faire deux froments l'un après l'autre.

Le colza est un véritable chou appartenant à cette grande famille dite des crucifères dont presque toutes les graines contiennent de l'huile. Sa culture exige des engrais, mais elle produit de la litière pour en faire de nouveaux, et la graine, après qu'on en a extrait l'huile, donne des tourteaux qui peuvent fertiliser les terres et même nourrir le bétail. La culture du colza est donc préférable à celle des plantes à filasse qui exigent beaucoup d'engrais et n'en rendent que fort peu.

Ce champ, semé en lignes espacées de 40 à 50 centimètres, a reçu deux labours. Il avait porté des vesces qui ont été consommées ce printemps. On a fumé fortement, et la récolte sera belle; celle de froment, qui suivra, devra être belle aussi. Si le fumier eût manqué, le guano aurait pu être employé, car il convient bien pour assurer le succès des semis de colza et de navets.

Le champ qu'on va planter a produit une récolte de froment; il a été labouré profondément, hersé et roulé. Un semis avait été fait en août sur un autre terrain qui se trouvait libre, et maintenant, au moyen d'un plantoir à deux branches distantes de 33 centimètres et d'un cordeau pour espacer les lignes à 50 centimètres environ, on va transplanter comme nous allons le voir. Le premier ouvrier fait les trous, le second place le plant, et le troisième l'enterre. On peut aussi se servir du plantoir ordinaire ou encore planter à la charrue.

Le colza s'accommode bien des terrains frais, mais il redoute plus que tout autre chose l'humidité stagnante ; aussi, avant de planter, on doit tirer des raies d'écoulement et assainir le terrain par tous les moyens possibles.

4ᵉ Promenade.

Récolte du sarrasin et de la graine de trèfle.

Les jours deviennent plus courts, les nuits vont être fraîches, profitons des belles journées de septembre pour la récolte du sarrasin, qui se fait aussi en octobre.

Quelques grains restent encore verts, mais la plupart sont bruns ou noirs : coupons vite ; si nous attendions les derniers à mûrir, les premiers tomberaient, et ce sont les meilleurs et les plus nombreux. On ne met pas le sarrasin en gerbes, on en fait de petits paquets qu'on lie par la tête, on étale un peu le pied, et on les pose debout, pour que la paille sèche et que le grain achève sa maturité.

La paille de sarrasin n'est pas bonne pour nourrir les bestiaux ; ne laissez pas toutefois, de la conserver, elle fera de bonne litière, et vous en manquez si souvent!

Le sarrasin battu s'échauffe facilement; pour éviter cette fermentation, remuez-le souvent et aérez les greniers par le beau temps.

La farine de sarrasin fait de bonnes galettes, son grain est très-propre à la nourriture du bétail; le sarrasin est peu épuisant, sa culture ayant lieu en été nettoie assez bien le sol, et c'est une fort bonne préparation pour les céréales.

Froissons dans nos mains quelques têtes de ces trèfles qui nous semblent très-noirs. La graine est en partie violette ou jaune, un petit nombre est encore verte; coupons-là promptement, car elle se perdrait.

Plus il y a de graine violette, mieux elle vaut. Il ne faut semer que des graines très-mûres et de belle qualité. J'ai observé très-souvent de bien mauvais résultats avec des graines mal récoltées et qui n'avaient pas atteint une entière maturité.

Coupons à la faulx ou à la faucille, et si le temps est beau, laissons sécher quelques jours sur le sol, ramassons et battons au fléau, ou encore mieux, à la machine, pour séparer les têtes des tiges.

Si vous craignez le mauvais temps, mettez en javelles, comme le sarrasin.

Pour faire sortir les graines de leurs petites gousses, voyez combien ces cultivateurs ont de peine avec leurs fléaux. Les machines à battre, les pilons et autres machines font bien et à peu de frais ce travail si pénible.

Du reste, nous ne prendrons pas cette peine pour la graine que nous voudrons semer sur nos champs. Elle se conserve mieux dans son enveloppe et lève beaucoup plus sûrement.

Il ne serait pas bon de laisser trop souvent vos trèfles porter graine, cela épuiserait beaucoup le sol, et vous finiriez par ne plus pouvoir cultiver ce précieux fourrage. Dans les terres argileuses et fortes, on peut semer le trèfle tous les quatre ans; mais il vaut mieux laisser un intervalle de six ans.

En général, il est bon de ne garder le trèfle qu'une année, c'est-à-dire celle qui suit la semaille. Il forme ainsi une bonne préparation pour le froment : mais il faut avoir le soin de le rompre par un temps qui ne soit pas trop humide.

OCTOBRE.

5ᵉ Promenade.

Drainage.

Que veulent faire ces hommes en creusant de grandes tranchées dans leurs champs? Elles ont un mètre de profondeur, et on met dans le fond de petits tuyaux de terre cuite, qui sont ensuite recouverts de terre ; à quoi bon tout cela?

A quoi servent les petits trous qui se trouvent au fond de tous les pots à fleurs? Ils servent à laisser écouler l'eau. Si le pot n'était pas percé, la terre resterait trop humide, l'air ne pourrait y pénétrer, et les racines pourriraient.

Il y a des terres qui ont naturellement comme de petits trous dans le fond, c'est-à-dire que, sous la couche de terre labourable, il s'en trouve une autre qui laisse passer l'eau, et l'humidité la pénètre au lieu de rester dans la couche cultivée.

D'autres fois, sous la terre labourable, on rencontre une terre forte, argileuse, compacte, qui ne se laisse pas traverser par l'eau. Alors l'humidité reste toute dans la couche où vivent les racines des plantes, et elles y périssent noyées et asphyxiées.

Il y a bien longtemps qu'on sait cela. On creusait, dans les terres humides, des fossés où l'eau s'écoulait ; mais on ne peut pas faire ces fossés assez rapprochés sans perdre beaucoup de terrain, et d'ailleurs, comment labourer un champ coupé de nombreuses tranchées ?

Voici donc ce qu'on a imaginé : c'est de mettre dans le fond de fossés, profonds au moins d'un mètre, des tuyaux de terre cuite, posés les uns au bout des autres, de manière que l'eau s'écoule du sol supérieur par ces conduits. On supplée quelquefois aux tuyaux par des aqueducs en pierre.

Tous ces petits conduits aboutissent à un autre plus grand et un peu plus profond, qui emmène les eaux hors du champ. Ce système de desséchement s'appelle drainage. Vous en entendrez souvent parler.

On vous répétera : nos pères cultivaient bien sans cette invention ; ils avaient de belles récoltes, et personne ne mourait de faim. Mais, comme je vous le disais en commençant, nos pères allaient à pied, parce qu'il n'y avait pas de chemin pour voyager autrement. Serait-il raisonnable de ne profiter ni des grandes routes, ni des voitures, par la raison que nos pères s'en passaient bien ?

On draine en tout temps ; mais l'hiver, l'eau gêne les travailleurs dans les tranchées ; l'été, les terres sont couvertes de moissons ; l'automne est la saison la plus convenable.

6ᵉ Promenade.

Récolte de betteraves.

Ces betteraves sont grosses ; la végétation semble un peu moins vigoureuse : n'attendons pas la pluie et les gelées pour les arracher.

Vous pourrez donner les feuilles aux vaches ; mais ce n'est qu'une pauvre nourriture. Si cependant le manque de fourrage vert vous force à les employer, donnez en même temps au bétail un peu de foin ou même de paille. Il vaudrait mieux, du reste, les laisser sur le sol, et les enfouir par un labour.

N'effeuillez jamais les betteraves pendant la saison chaude et lorsquelles sont en pleine végétation ; le fourrage que vous en retireriez vous couterait cher, car il diminuerait beaucoup le produit des racines.

Les betteraves tiennent beaucoup de place, et vos celliers sont petits ; je vais donc vous indiquer une bonne et sûre façon de les conserver à l'abri de la gelée.

Tracez sur la partie la moins humide de votre champ une fosse de 1 mètre et demi de largeur, sur une profondeur de 25 à 30 centimètres ; remplissez-la de betteraves, que vous disposerez en tas arrangé comme le toit d'une maison, et d'une hauteur de 1 mètre à 1 mètre 30 ; mettez une très-légère couche de paille sur les betteraves, et recouvrez-les ensuite de 50 à 60 centimètres de terre. Pratiquez autour du tas, pour faciliter l'écoulement des eaux, un petit fossé plus profond que la fosse où sont les racines, la terre que vous en retirerez aidera encore à les recouvrir.

Autant que possible, il est bon de ne terminer les tas de betteraves que par le temps frais et un peu humide; si elles étaient très-sèches et chaudes, elles pourraient fermenter et pourrir.

Ces tas se nomment silos. Ils sont commodes pour conserver toutes les racines et surtout les betteraves, qui, en avril, y sont encore fraîches et saines. Dans les celliers et dans les granges, elles se flétrissent et gèlent quelquefois.

Vous savez qu'avec la betterave, on fait du sucre et de l'eau-de-vie.

Les carottes, les rutabagas, les panais et les navets, qui sont peu sensibles aux premières gelées, peuvent se ramasser plus tard.

7e Promenade.

Semailles de seigle, d'avoine d'hiver et de froment.

Ces champs que vous voyez sont déjà semés en seigle. La terre est trop légère e
trop sablonneuse pour produire du fromen

Ce que nous verrons exécuter pour les se
mailles de froment s'applique bien pour celle
du seigle, si ce n'est que le premier de ce
grains ne craint pas une terre humide e
lourde à l'époque de la semaille, tandis qu
l'autre veut être fait par un temps sec.

Voici d'autres champs semés ; ce sont de
avoines d'hiver. Je vois encore sur le labou
les débris de la paille de froment ; quel
culture vicieuse ! Cette terre avait à pein
assez de sucs nourriciers pour produire u
grain, de nombreuses herbes nuisibles s
sont développées, et immédiatement on les
enfouies avec leurs graines pour semer l'a
voine. Que doit-il en résulter ? Les mauvais
herbes vont relever avec plus de force, s
multiplier à l'infini, et l'avoine, qui est

céréale la plus vigoureuse de toutes, prenant tout ce qui reste dans le sol, le laissera épuisé.

Eh bien! malgré l'évidence, la culture d'avoine après froment fait la base de la rotation de nos fermiers, et certainement nous aurons beaucoup de peine à les convaincre que cette méthode est ruineuse.

L'avoine n'est pas plus épuisante et ne propage pas plus les mauvaises herbes que le feraient les autres grains: il ne faut que la placer convenablement. Voyez ce fermier intelligent, il sème son avoine sur un vieux trèfle de deux ans, ou sur un pré rompu par un seul labour, ou encore après un fourrage.

Le temps est bien beau, le soleil d'automne est encore chaud, et nos terres, déjà labourées pour recevoir les froments, sont en très-bon état. N'attendons pas les pluies, semons promptement, il nous faudra moitié moins de semence que plus tard.

Au commencement d'octobre, on sème un hectare avec un hectolitre et demi; à la fin, il en faut deux; en novembre, il en faut quelquefois trois.

Le froment semé épais ne peut taller et chaque pied ne donne qu'un pauvre épi.

Au contraire, si la semaille est claire, tous les brins tallent jusqu'à ce que la terre soit couverte. Il se produit autant d'épis que le sol peut en nourrir, mais pas plus, et alors ils sont tous forts et bien grainés.

Pour avoir de belles récoltes, il faut de belles semences. Choisissez donc les plus beaux froments, bien nets de mauvaises graines; il s'en trouvera toujours trop dans le sol.

Voulez-vous éviter la carie (bouton), cette maladie qui noircit le grain dans les épis et perd quelquefois les plus beaux champs? Prenez-vous y dès la semence, plus tard il ne serait plus temps.

Achetez chez le pharmacien 640 grammes de *sulfate de soude*; faites-les fondre dans 8 litres d'eau. Étendez un hectolitre de froment sur un plancher ou sur l'aire de la grange; arrosez-le avec cette eau préparée; remuez, retournez, arrosez; ces 8 litres d'eau suffiront pour bien mouiller votre hectolitre de grain. Semez sur le tout 2 kilogrammes de chaux vive, que vous viendrez de réduire en poudre, en la plongeant dans l'eau et la retirant immédiatement. La chaux éteinte depuis long-temps ne serait pas bonne. Remuez encore, de façon à ce que chaque grain soit couvert de cette poussière de chaux.

Si vous êtes quelques jours sans semer, ayez soin de retourner de temps en temps votre grain ainsi chaulé.

Le froment réussit bien après un trèfle d'un an, après les vesces, sur un sarrasin, après colza, etc.; moins bien après les plantes sarclées, telles que betteraves, carottes, pommes de terre, etc. Autant que possible, ne le fumez pas, mais plutôt les récoltes qui le précèdent : vous aurez moins de mauvaises herbes, du grain plus plein, moins de feuilles en hiver et plus d'épis en été.

Votre terre après trèfle a reçu un labour; après colza, elle en a reçu deux, et sur le sarrasin un seul labour aussi : vous pouvez semer maintenant. S'il y a trop de mottes, le rouleau les brisera bien en temps sec; s'il fait humide, ne vous en occupez pas. Semez, et recouvrez par un ou deux coups de herse. Je n'aime pas à enterrer à la charrue, car les grains sont enfouis peu également, et souvent à une trop grande profondeur.

S'il reste quelques mottes après le hersage, n'en soyez pas effrayé ; elles fondront aux gelées, et rechausseront le grain au printemps lorsque vous le herserez de nouveau.

Faites des rigoles d'écoulement pour les eaux, ne les épargnez pas, et séparez vos planches avec la charrue à deux versoirs.

J'aperçois bien quelques champs de vesces d'hiver ; mais nous en verrons semer au printemps, et les semailles d'automne se font de la même manière. Rentrons : cette promenade a été assez longue.

NOVEMBRE.

8ᵉ Promenade.

Nourriture d'hiver.

Le temps est froid ; visitons nos étables où les vaches doivent maintenant passer l'hiver.

Elles ne trouvent plus rien dans les prairies dont elles perdent le sol par leurs piétinements. Chaque endroit où elles enfoncent le pied va se remplir d'eau et donnera au printemps une touffe de jonc.

Mais plus de trèfle, plus de pâturages; il faut commencer la nourriture d'hiver.

Dans la plupart des fermes, c'est le moment de la misère pour les bestiaux. Un peu de paille jetée sur la litière et une chétive pâture sur les terres en friche, voilà la vie des six mois d'hiver. C'est au contraire le temps d'abondance chez le cultivateur prévoyant. Son foin et sa paille sont bottelés; ses racines en silos sont mesurées par rations et calculées jusqu'aux premiers fourrages du printemps.

Un peu d'eau tiède va faire une bonne soupe de tout cela; les vaches auront du lait, elles donneront un fumier gras qui fera des herbes nourrissantes. Je vous l'ai déjà dit : « *la graisse produit la graisse.* »

A ces fourrages succéderont de beaux grains qui, trouvant une terre bien préparée, rapporteront en abondance. « *Si tu veux du « blé, fais des prés* », a dit le bonhomme Bujault, c'est-à-dire, si tu veux du grain, fais de l'engrais; si tu veux de riches engrais, fais une riche nourriture pour tes bestiaux.

Mais ce n'est pas tout d'avoir de bonne nourriture, il faut encore qu'elle soit distribuée avec soin et intelligence, également et régulièrement. Si vous donnez beaucoup un jour et peu le lendemain, vos bêtes n'engraisseseront pas; elles seront malades d'indigestion ou de faim. Donnez-leur quatre, cinq et six repas par jour, à des heures bien régulières, et laissez-les tranquilles dans les intervalles; elles aiment à ruminer en repos. Si vous donnez tantôt à une heure et tantôt à une autre, elles beugleront toute la journée et se fatigueront inutilement; vous n'aurez ni lait ni graisse.

Une bête bien nourrie donne plus de produit et de fumier que trois en mauvais état. Il en est de même des animaux de trait. Deux bons chevaux peuvent traîner une charrue, quatre mal nourris ne feront qu'un mauvais labour.

9e Promenade.

Cidre.

Les pommes doivent êtres mûres; ouvrons-en une : les pépins sont noirs, et elle a bonne odeur; il est temps de les récolter,

Pour avoir de bon cidre, il faut cueillir les pommes avec soin. Celles qui tombent avant la maturité font un cidre qui se garde peu : il doit être bu le premier. Avant de récolter les pommes pour le cidre de garde, ramassez donc toutes celles qui sont tombées.

Les pommes meurtries font de moins bon cidre que celles qui sont saines, parce que le jus des parties meurtries devient promptement aigre et fait aigrir le reste.

Récoltez les fruits par le temps sec, ils pourriront moins, et, quoi qu'on en dise, les fruits pourris font de mauvais cidre; cependant il faut les laisser achever de mûrir en tas peu épais.

Autrefois, on écrasait les pommes avec des pilons, dans une espèce d'auge ; c'est un travail long et difficile. On a eu aussi des auges circulaires et une meule en pierre ou en bois trainée par un cheval. Maintenant on emploie davantage une sorte de moulin composé de deux cylindres entre lesquels les pommes passent en s'écrasant. Ces cylindres sont mis en mouvement au moyen de deux manivelles.

Autrefois aussi, on avait d'énormes pressoirs qui occupaient dans chaque ferme un hangar ou une grange ; aujourd'hui, on garde les granges pour loger les gerbes de blé, et on se sert de petits pressoirs plus faciles à manœuvrer, travaillant vite et exprimant tout aussi bien le suc des fruits.

Quel que soit, du reste, le pressoir que vous emploierez, il faudra toujours mettre des couches de paille entre les couches de marc, sans quoi le jus ne peut s'écouler complétement.

Les fûts demandent de grands soins de propreté. A mesure qu'ils se vident dans le courant de l'année, on doit les laver, pour

éviter que le dépôt et la lie n'y tournent à l'acide. En outre, au moment de la récolte, il est important de les nettoyer avec de l'eau de cendre ou de chaux.

Je vais vous expliquer ce qui arrive, si on laisse dans les fûts quelques principes acides. Vous avez vu pétrir la pâte pour faire du pain. Vous savez qu'à la pâte nouvelle on ajoute un peu de pâte aigrie qui fait fermenter la nouvelle; le pain en est plus léger et meilleur.

Le vieux levain de malpropreté qui resterait dans les tonneaux ferait aussi aigrir le cidre; mais le rendrait de mauvaise qualité. La propreté des celliers est indispensable; n'y laissez rien de ce qui pourrait exhaler une odeur de corruption.

Mais revenons au cidre sous le pressoir. Après avoir broyé les pommes, il est bon de les laisser macérer pendant douze ou quinze heures dans des cuves ou baquets; le cidre est plus facile à extraire et il a une plus belle couleur. On met plus ou moins d'eau, suivant l'espèce de pommes; celles qui sont douces en supportent une plus grande quantité que les espèces aigres. On compte en moyenne qu'il faut 300 kilog. de pommes pour une barrique de cidre.

Ayez soin que les fûts soient bien pleins, afin que le liquide ait une moins grande surface en contact avec l'air.

Après la première fermentation, c'est-à-dire quand il a bouilli, il faut le soutirer pour enlever la grosse lie, et si on tient à avoir du cidre délicat, on soutirera de nouveau lorsqu'il sera clarifié.

Rarement on prend tous ces soins; aussi nos cidres ne se conservent pas très-bien, et nous les vendons peu au loin. Cependant il est rare que nous ayons plusieurs années de suite une bonne récolte de pommes, et il serait important que le cidre des années d'abondance pût être conservé pour les années de disette.

La fabrication du vin exige aussi de grands soins de propreté. On en augmente la qualité, ainsi que celle du cidre, en y ajoutant des matières sucrées à l'époque de la fermentation.

Quelle que soit, du reste, votre provision de cidre ou de vin, ayez grand soin d'en régler la consommation. En toute chose, une mesure suivie est le seul moyen de ne pas manquer; mais pour celle-là surtout, combien il serait fâcheux d'en laisser faire abus dans votre maison?

Le cidre et le vin ruinent la bourse, la santé et l'intelligence.

Un homme qui s'enivre mourra à l'hôpital, infirme et abruti.

10e Promenade.

Labours préparatoires.

Pourquoi ces bœufs et ces chevaux sont-ils à l'écurie? Le temps est encore assez beau ; la terre n'est pas trop humide. Tous les travaux sont faits, me dites-vous. Mais sachez donc que pour vos semailles de printemps, et pour les plantes sarclées, un labour avant l'hiver en vaut deux autres et que la gelée ameublit mieux la terre que ne le feraient tous les instruments. Si vous avez labouré en automne, un trait de herse ou d'extirpateur suffira au printemps pour semer orges, avoines, froment, vesces, etc.

D'un autre côté, vos attelages ne doivent jamais se reposer. Faites-les travailler toujours, mais avec mesure, de telle sorte qu'ils ne se fatiguent pas jusqu'à l'excès; ils mangent tous les jours, ils doivent travailler tous les jours : autant de journées un attelage reste à l'écurie, autant de pièces de 5 fr. vous perdez.

Les travaux d'une ferme ne sont jamais finis. Les charrois de terre, de pierres, de terreaux, etc., doivent occuper tous les moments des attelages, lorsque les labours préparatoires sont finis.

Si votre machine à battre est placée dans la grange, ce sera encore un bon moyen d'utiliser vos chevaux en hiver.

11   Promenade.

Plantation et pépinières.

Voyez comme on plante mal ces arbres, comme on élague d'une manière barbare ceux qui sont plantés depuis quelques années, et quel peu de soin on donne aux pépinières.

Les plantations se font depuis la fin de l'automne, lorsque les feuilles sont tombées, jusqu'au printemps. Les premières sont toujours les meilleures, surtout si elles sont faites par le beau temps.

La végétation des racines devant précéder celle des feuilles puisqu'elles fournissent la sève nécessaire à leur développement, il faut qu'elles aient le temps de s'arranger dans le sol avant l'époque de la végétation.

D'abord, il faut vous dire un peu comment vit un arbre. Ainsi que tous les autres végétaux, il va chercher sa nourriture dans le sol par ses racines, et dans l'air par ses feuilles.

Lorsque vous arracherez un jeune sujet pour le replanter, il faut donc avoir grand soin de ménager les racines, surtout le chevelu, c'est-dire les petites racines fines et déliées comme des cheveux, qui sont pour l'arbre de véritables bouches absorbantes. Ayez soin de bêcher un peu loin tout autour pour avoir les racines entières. Coupez celles qui se trouvent un peu meurtries ou écrasées ; une coupure bien nette se guérit mieux qu'une meurtrissure ou une déchirure.

Creusez une fosse profonde et large d'un mètre au moins en tous sens. La terre sera ainsi bien remuée dans le fond. Comblez ensuite jusqu'à ce qu'il ne reste que la profondeur nécessaire pour que votre arbre soit enterré autant qu'il l'était dans la pépinière.

Mettez sur les racines de la terre végétale, c'est-à-dire celle qui se trouvait à la surface, et qui avait été amendée, labourée et exposée à l'air.

Étalez bien toutes les racines, remuez légèrement l'arbre à mesure que vous rejetterez de la terre dans la fosse, et, si vous le pouvez, ajoutez un peu de terreau ou de chiffons de laine. Dans les terrains très-humides, il est encore bon de mettre au fond de la fosse quelques petites *glaines* ou fagots d'ajonc, de bruyère, de fougère, etc.

Lorsque vos arbres auront poussé des branches et qu'ils seront bien repris, gardez-vous de les élaguer sans pitié, comme on le fait généralement, et n'oubliez pas que les feuilles absorbent dans l'air une partie de la nourriture nécessaire aux plantes. Il est important que l'arbre reste garni de ses branches dans les deux tiers ou au moins la moitié de sa hauteur.

C'est un préjugé de croire qu'en l'élaguant, on le fait monter plus haut, ou encore qu'en enlevant des branches, on le débarrasse d'un fardeau inutile. C'est tout le contraire; la sève se porte avec force dans les branches de la partie supérieure. Elles prennent un développement exagéré, le tronc reste faible du bas, et la tête se courbe.

Voyez plutôt ces arbres mutilés et rabougris, contournés comme des serpents qui semblent se tordre pour échapper à la serpe meurtrière.

Dans nos fermes, on ne plante guère que des pommiers : voyons un peu comment on doit les traiter.

D'abord je vous conseille d'avoir toujours des pépinières pour fournir aux plantations de vos champs et de vos vergers. Les arbres qui ont reçu de bons soins dans leur jeunesse restent toujours plus vigoureux que ceux qui ont été négligés dans leurs premières années.

Pour les semis en pépinières, choisissez de préférence les pépins des espèces vigou-reuses, les pommes aigres ou amères donnent en général de bons sujets. Les semis se font en automne ou au printemps, suivant que les terres sont sèches ou humides. On peut tout simplement étendre sur le sol, pro-fondément défoncé, une très-légère couche de marc ou de pépins que l'on aura ramas-sés au fond des cuves qui ont servi à la fa-brication du cidre; on recouvre avec de la terre meuble ou du terreau. Les pommiers lèvent en grande quantité et ils ne demandent plus que des soins de sarclage.

A la fin de l'automne, on les arrache et on les replante en pépinières, sur un terrain défoncé, à 1 mètre environ, en lignes espa-cées de 65 ou 70 centimètres et encore mieux d'un mètre en tout sens; on les coupe à 4 ou 5 centimètres du sol, et il n'y a plus qu'à en-tretenir la terre propre et meuble par des binages et des sarclages. On peut encore y étendre une couche de feuilles, qui empêche les mauvaises herbes de pousser et maintient la terre plus fraîche.

Chaque année, enlevez aux jeunes arbres les branches placées trop verticalement et qui entraîneraient la sève. Il faut leur laisser longtemps toutes les autres; ils grossissent du pied et se tiennent bien droits lorsqu'on les met en place.

Attendez que les pommiers aient 12 ou 15 centimètres de tour pour les enlever de la pépinière et les transplanter. Prenez bien des précautions pour les arracher. Quelques années plus tard, lorsqu'ils seront vigoureux, vous pourrez les greffer.

DÉCEMBRE.

12e Promenade.

Entretien des raies d'écoulement, purin.

Après la grande pluie d'hier, visitons nos champs : il pourrait se faire que quelques fossés ou raies d'écoulement fussent comblés, et l'eau refluerait sur nos froments et nos colzas, qui redoutent tant l'eau stagnante.

Prenons une bêche. Ce travail si important est bien peu de chose à faire, et, en nous promenant, débouchons les rigoles.

Mais quelle eau noire inonde le chemin ! D'où vient-elle ! Suivons-la — C'est le jus du fumier de notre voisin qui s'écoule ainsi dans le ruisseau, et ensuite dans la rivière.

Prévenez-le ; il ne s'en est peut-être pas aperçu. C'est précisément celui qui ne fait rien pour ses vaches ; il ne s'occupe pas plus de son fumier. Eh bien, puisque nous ne pouvons le convaincre, faisons entrer ce jus dans notre prairie, et au printemps, nous le mèneront voir la belle herbe verte venue à ses dépens.

Que ceci vous serve de leçon. Conservez avec grand soin le jus de vos fumiers ; c'est la partie la plus fertilisante : recueillez-le dans les petites rigoles où il s'écoule autour du tas, rejetez-le sur le fumier.

Ou bien encore arrosez-en vos champs, vos

prairies, votre jardin. Une barrique dans un charriot est très-commode pour ce travail.

Si la terre est trop humide, les pieds des chevaux et les roues y enfonceraient; alors faites plutôt absorber le purin par des balles d'avoine ou de froment, dont vous formerez ensuite un fumier à part; elles fermenteront, et ce sera un très-bon engrais; mais il faudra le réserver pour les prairies; il contient trop de mauvaises graines, qui infesteraient vos champs.

13ᵉ Promenade

Défrichements.

La commune que nous parcourons est une des plus fertiles du département. Les arbres y sont vigoureux; les terres profondes, en général un peu argileuses, donnent de beaux grains. Les habitants ont bonne mine; ils sont bien vêtus, et le dimanche en sortant de la messe nous rencontrons, peu de gens en haillons.

D'où vient cette aisance? D'abord la terre

est bonne, ensuite les cultivateurs ne se chargent pas de fermes au-dessus de leurs forces.

Nous allons faire une longue promenade dans la commune voisine, là-bas, où vous voyez ces immenses landes qui n'ont pas de fin. Comme tout est changé, quelle tristesse, quelles pauvres maisons; les habitants ont mauvaise mine et sont mal vêtus! D'où vient encore cela? C'est que, sur ces landes peu productives, le cultivateur entreprend moitié plus de terre qu'il ne peut en faire; il lui faut labourer 3 hectares pour obtenir ce que donne un demi-hectare de nos bonnes terres; aussi est-il toujours misérable. S'il était possible qu'il en fît trois fois moins, il serait beaucoup plus à son aise. Assez souvent l'aspect des habitants nous indiquera la qualité du sol.

Quel enseignement tirer de ceci? Qu'il ne faut pas plus entreprendre qu'on ne peut faire, et que, si on veut défricher, il faut une grande prudence.

Le cultivateur doit être plus fort que sa terre.

Nous trouverons de bonnes terres à défricher dans ces landes, mais aussi beaucoup ne paieraient pas les frais de culture; il faudra donc, avant d'entreprendre ce travail, sonder le sol et n'attaquer que les parties cultivables.

Les autres, dont la couche ne serait pas suffisamment épaisse, ou qui présenteraient trop d'inégalités, pourront être semées en pins. Si cette énorme étendue avait été cultivée en bois il y a vingt ans, quelle valeur aujourd'hui! Ces terrains, qui n'ont rien produit, seraient une fortune considérable pour la commune ou pour les propriétaires.

Lorsque vous défricherez avant l'hiver, la terre, préparée par les gelées, s'ameublira facilement au moyen de fortes herses et de rouleaux; le sarrasin y réussira l'année suivante.

On peut cependant défricher en toute saison.

Vous emploierez avec avantage sur ce défrichement la chaux, le noir animal, les cendres et les fumiers chauds. Ces matières faciliteront la décompositon de l'humus des landes, qui n'est pas toujours dans de bonnes conditions.

Quelquefois, au lieu de labourer tout simplement, on écobue, c'est-à-dire qu'on enlève très-superficiellement les gazons avec une large houe, et qu'ensuite on les fait brûler, après les avoir séchés et disposés en petits fourneaux.

Cette méthode est bonne dans les terrains très-argileux ou tourbeux ; mais elle ne convient guère dans les sables, et surtout sur les sols calcaires, où l'action du feu transforme en quelque sorte la terre en chaux vive.

Pour défricher avantageusement, il faudrait avoir à côté de la lande une terre déjà en culture, qui pourrait d'abord fournir les fourrages nécessaires à l'entretien des animaux et quelques fumiers.

On peut encore labourer une petite étendue de lande, la bien soigner, et lorsqu'elle est en état, continuer le défrichement.

Mais si vous entreprenez un immense terrain sans ressources en fumiers, en fourrages, en bâtiments, vous risquerez de ne pas réussir, il vous faudra beaucoup d'argent.

Je répéterai donc que les défrichements peuvent être très-profitables, et je vous engage même à défricher, mais que ce soit avec beaucoup de prudence.

En rentrant de ce pays de landes, voici des champs d'ajoncs. Nous sommes tout disposés à critiquer le fermier qui les a semés. Cependant, après examen, nous verrons que ce cultivateur est intelligent, et que ces ajoncs lui fourniront un précieux fourrage pour la nourriture de son bétail pendant la mauvaise saison.

Il y a beaucoup de terrains un peu sablonneux, nouvellement défrichés, qui ne pourraient porter ni trèfles ni luzernes, et où l'ajonc prospérera.

De sorte que les terres qui auraient exigé une grande quantité d'engrais vont, au contraire, en fournir pour les autres parties de la ferme. Regardez donc l'ajonc comme un puissant auxiliaire pour cultiver les landes.

14e Promenade.

Inventaire et comptabilité.

Au lieu de faire une promenade dans les champs, chauffons-nous et parlons de nos comptes. L'année se termine; nous devons voir si nous avons gagné ou perdu.

Vous comprenez bien qu'il ne s'agit pas seulement de compter sa bourse et de dire, par exemple : l'année dernière j'avais 500 fr.

Cette année, j'en ai 200
____
Ainsi, j'ai perdu .... 300 fr.
____

On peut très-bien avoir moins d'argent que l'année dernière et être plus riche cependant,

L'argent n'est pas tout ; les bestiaux, les grains, les fourrages, ont aussi une valeur.

L'année dernière, au mois de décembre, vous pouviez bien avoir 500 fr. d'argent et votre grenier vide de grain. Et cette année, avoir seulement 300 fr. d'argent et pour 400 fr. de froment; ce qui fait que vous possédez 700 fr. au lieu des 500 fr. de l'année dernière.

Vous voyez donc que, pour faire son inventaire et connaître sa position, il faut estimer tout son avoir.

Mais vous avez fait bien des sortes de cultures, vendu du grain et des bestiaux; vous pouvez avoir perdu sur ceci et gagné sur cela. Comment connaître ce qui a produit bénéfice ou perte dans tous vos travaux?

Pour savoir si le froment, les prairies, les vesces, etc., sont en perte ou en bénéfice, il faudrait connaître les frais que chacun a coûté et les produits qu'on en a retirés.

Vous comprenez qu'à la fin de l'année, il est impossible que vous vous rappeliez ce que vous avez dépensé pour votre froment, en journées de labour, de hersages, de sarclages, en fumier, en semences, en battage, etc., et, d'un autre côté, ce qu'il a produit en grain et en paille. Comment faire donc? Tenir des notes tous les soirs, avoir un cahier sur lequel on dressera un compte pour les vaches, un pour les prairies, un pour le froment, etc.

Écrivez sur la page gauche de chaque compte tout ce qu'il coûte en argent et en travail, et sur la page droite ce qu'il rapporte en argent ou autrement ; faites l'addition au bas de chaque page, puis une soustraction, pour voir quelle est la différence entre les dépenses et le produit, et vous connaîtrez ainsi les pertes et les bénéfices, après avoir ajouté à l'addition de la page droite, ce qui restera de valeurs.

JANVIER.

15e Promenade.

Assolement.

Mes amis, je vous souhaite bonne union, bonne santé et bon succès.

La bonne union dépend de chacun : mettez-y votre grande part en docilité et respect pour vos parents, amitié et douceur avec vos frères, vos sœurs, vos camarades, obligeance pour tous.

La bonne santé vient d'en haut : demandez-la donc d'où elle vient. Mais elle vient un peu aussi des soins qu'on en prend ; ou plutôt elle se perd par le manque de soins et de précautions.

Ainsi, l'homme qui boit avec excès use sa santé, il se tue à petits coups ; l'enfant qui arrive en sueur au bord d'un ruisseau, et boit à pleine gorgée l'eau bien froide, peut gagner une fluxion de poitrine et la mort.

Évitez tout ce qui peut nuire à votre santé : elle est précieuse pour tous ; elle est le trésor de l'homme de travail.

Le bon succès est à votre disposition plus que tout le reste ; il est dans la terre : il n'y a qu'à savoir le chercher.

Mais il ne s'agit pas de la remuer sans intelligence ; il faut comprendre ce qu'on fait, et raisonner toutes les opérations que l'on exécute.

La terre ne veut pas porter tous les ans les mêmes récoltes. Elle se lasse de nourrir l'avoine après le froment, le froment après l'avoine ; elle finit par leur refuser la nourriture, ou plutôt elle leur a donné tout ce qu'elle en avait qui pût leur convenir : elle demande d'autres plantes qui s'arrangeraient de ce qui lui reste.

Mêlez ensemble des châtaignes et des glands, appelez des enfants et dites-leur de manger ce qui leur plaira. Ils choisiront les châtaignes et laisseront les glands. Amenez alors des vaches et des porcs, ils vivront très-bien avec les glands. Ainsi font les plantes ; elles choisissent dans le sol la nourriture qui leur convient, puis il faut amener d'autres cultures qui s'arrangeront de ce qui ne conviendrait pas aux premières, et ainsi de suite.

On a reconnu en outre que certaines récoltes viennent bien après telle autre, par exemple : le froment après le trèfle ; tandis que certaines plantes réussissent mal après telle autre, par exemple : les grains d'hiver après les plantes sarclées. D'où l'on pense que chaque plante laisse dans le sol des excrétions qui peuvent être favorables à telle ou telle plante, et nuisibles à telle ou telle autre. D'autres plantes enfin ne reviennent bien sur la même terre qu'après un long intervalle : le lin, le trèfle, etc.

Voilà donc bien prouvé qu'il faut varier les récoltes sur le même sol et les régler avec sagesse, suivant ce que l'étude et l'expérience nous apprennent de leurs goûts et de leurs habitudes.

Il y a encore d'autres raisons pour lesquelles on ne saurait sans inconvénient répéter certaines cultures. Quelques-unes sont *salissantes*, parce qu'elles sont difficiles à sarcler et laissent aux mauvaises herbes le temps de grainer et de se reproduire; les céréales sont dans ce cas. D'autres sont *nettoyantes*, parce qu'elles exigent les sarclages et les binages et détruisent ainsi les mauvaises herbes. Telles sont les betteraves, carottes, pommes de terre, etc.

Enfin, d'autres sont *étouffantes*, parce qu'elles couvrent le sol de leurs feuilles et ne permettent pas aux mauvaises herbes de se développer ou bien encore parce qu'elles sont coupées avant la maturité des graines; ce sont les fourrages.

L'ordre raisonné de la succession des récoltes sur un même sol est ce qu'on appelle
assolement. Il doit être modifié suivant la
richesse et la qualité des terres et aussi suivant les besoins du cultivateur.

Voici un assolement qui convient bien généralement, et que vous pourrez allonger en
suivant la même marche :

1re année, plantes sarclées bien fumées
pour nettoyer et amender le sol, ou sarrasin, si vous ne pouvez faire tout en plantes
sarclées ;

2me année, grain de printemps dans lequel
on sème du trèfle ;

3me année, trèfle ;

4me année, froment (1).

Vous aurez ainsi un quart de votre terre
en racines pour nourrir les animaux pendant
l'hiver ; un quart en trèfle pour les nourrir en
été, et même pour faire sécher comme foin ;
l'autre moitié, en orge, avoine, froment ; et

---

(1) Je n'indique ici que l'assolement de quatre ans, parce
qu'il est la base des autres. Ainsi, on peut mettre : 5me année, colza ou fourrage, suivant la fertilité du sol, et 6me année, froment ou avoine.

chaque récolte sera dans les meilleures conditions pour réussir.

Faites ainsi, croyez-moi; le bon succès sera trouvé.

16ᵉ Promenade.

Confection et entretien des fumiers.

Quel énorme fumier; on y a mis beaucoup de feuilles d'arbres; c'est une grande richesse pour le fermier. Nous nous trompons, je crois; pour nous en convaincre, approchons et regardons. Il est sec, son odeur rappelle celle des moisissures, et, dans les parties les plus humides, il sent l'aigre. Il contient peu de matières animales, et sa fermentation a été incomplète; il produira peu d'effet.

Il vaudrait mieux en faire moins et le faire bon. En effet, il y a du fumier gras et du fumier maigre. Il est plus gras, à proportion qu'il contient plus de déjections animales et qu'elles viennent d'animaux mieux nourris. En outre, la manière dont les fumiers sont traités contribue beaucoup à leur qualité. Il faut qu'ils fermentent, et pour cela ils ont besoin d'air et d'humidité.

Cependant, comment traite-t-on les fumiers dans la plupart de nos fermes? Aussitôt tirés des écuries, ils sont mis sans soin dans la cour, le soleil les déssèche et la pluie les lave. Quelquefois ils sont déposés dans des fosses pleines d'eau, où ils aigrissent, et cette mare puante infecte tout le village.

Je vous en prie, soignez vos fumiers; c'est le commencement de votre fortune.

Choisissez un lieu un peu abrité par des arbres, sur un terrain qui ne soit ni trop creux ni trop élevé, et d'un accès facile pour les charrettes. Ne le placez pas trop près de votre habitation.

Faites un emplacement suivant la quantité de fumier que vous croirez produire. Entourez-le d'une petite rigole où le purin puisse être arrêté au lieu de couler pour se perdre. Sur cette plate-forme, vous étendrez avec soin, chaque jour, le fumier qui sortira des étables, en mélangeant celui des ani-

maux d'espèces différentes, et vous arrose-
rez, s'il est trop sec.

Lorsqu'il se sera échauffé, vous pourrez
le conduire dans les champs, où il doit être
étendu et enterré aussitôt.

Tous les fumiers n'ont pas les mêmes qualités; celui des chevaux et des bêtes à laine
est très-chaud et fermente rapidement. Celui
des bêtes à cornes est plus froid, et sa décomposition moins rapide. Le fumier de
porc est très-nutritif, mais il faut, avant de
l'employer, qu'il ait fermenté. Les excréments humains sont un des engrais les plus
riches. Recueillez-les donc avec soin, ainsi
que les urines.

17ᵉ Promenade,

Soin des étables.

Visitons nos étables, il ne fait guère bon
se promener dans les champs.

On enfonce dans le fumier, et les gaz qui
s'en échappent font mal aux yeux; la chaleur

est suffocante. Pourquoi ne pas enlever le fumier plus souvent ?

Mais où va donc l'urine ? Il me semble qu'elle coule dans le chemin et va joindre le ruisseau où nous avons vu tomber le jus du fumier. Vous n'avez pas oublié que le purin est la partie la plus riche ; pour en profiter, voici ce qu'on fait dans quelques étables :

On creuse derrière les vaches de petites rigoles garnies de planches ou de pierres plates, ou encore de briques, qui conduisent les urines dans une barrique enfoncée en terre, à côté de l'étable, et recouverte d'un petit toit qui empêche l'eau d'y tomber. On vide cette barrique de temps en temps pour arroser les fumiers. On enlève chaque jour toute la litière mouillée par les excréments et par l'urine, en la remplaçant par de la litière fraîche.

Les vaches sont propres, et encore on a le soin de les bouchonner avec de la paille, de les brosser et étriller. Les bêtes aiment la propreté, et c'est un des bons moyens d'entretenir leur santé.

Voyez comme on jette leur nourriture sur cette litière sale; comment voulez-vous qu'elles la mangent? Regardez, elles trient les brins les plus propres, et ne mangeraient certainement pas le reste si elles n'avaient grand'faim.

Quand vous serez fermiers, mettez devant chaque vache une petite auge et même un râtelier, que vous entretiendrez propres. Vous perdrez moins de nourriture, et elle sera plus profitable aux animaux.

L'air et la lumière sont aussi nécessaires; pratiquez de petites fenêtres au-dessus de la tête de vos bêtes. L'hiver, vous les ouvrirez quelques heures dans les beaux moments; l'été, toute la journée.

Avez-vous vu des plantes qui poussent à l'ombre ou dans des caves? Elles sont grêles, étiolées; un peu de lumière et d'air, et elles reprendront de la vigueur. Il en est de même pour les animaux.

Je sais bien qu'on a l'habitude de ne laisser rien ouvert dans les étables au temps des mouches, pensant que les bestiaux en sont moins gênés ; mais c'est une erreur : les mouches les piquent tout autant, elles se rassemblent en plus grande quantité dans les étables chaudes, les pauvres animaux étouffent de chaleur et n'ont pas d'air pour respirer.

18ᵉ Promenade.

Soirées d'hiver.

La nuit vient de bonne heure, les soirées sont longues dans le mois de janvier.

Les femmes rangent le ménage, filent et raccommodent le linge auprès du feu. Est-ce que les hommes peuvent rester quatre heures à se chauffer et à fumer sans s'utiliser à quelque chose ? N'avez-vous pas besoin de paniers pour ramasser les pommes , les pommes de terre, pour porter des racines à vos vaches, etc. Pourquoi ne les feriez-vous pas en vous amusant ? Vos harnais sont secs et durs, le cuir se coupe ; graissez-les avec de l'huile de poisson mêlée de suif, en ayant soin de mouiller un peu le cuir auparavant.

Vous avez aussi des graines à nettoyer pour les jardins, des haricots à écosser, et, s'il vous reste un peu de temps, ne pourriez-vous trier quelques litres de grains pour faire de belles semences de printemps ? On peut aussi préparer le chanvre et le lin. L'ajonc coupé ou pilé le soir est une nourriture peu dispendieuse.

Lisez les bons ouvrages d'agriculture, revoyez vos comptes ; l'homme soigneux sait trouver du travail pour tous les temps.

FÉVRIER.

19ᵉ Promenade.

Chemins.

Cette ferme, qui est située sur la grande route, se loue beaucoup plus cher que cette autre qui n'a qu'un chemin impraticable. Apparemment, cette grande route lui donne quelque avantage ; réfléchissons-y un peu.

En effet, je vois ici conduire dans les

champs une forte charretée de fumier avec deux chevaux. Dans l'autre ferme, il faudrait au moins quatre bêtes pour en mener autant, et encore chevaux et bœufs seraient-ils épuisés, les harnais déchirés et les voitures quelquefois brisées.

Comment faire? On ne peut amener toutes les fermes sur les grands chemins ; mais on peut bien avoir de bons chemins pour aller à toutes les fermes.

Pour faire les chemins, il faut d'abord les dresser, en les bombant légèrement, et creuser des rigoles des deux côtés pour les égoutter. Lorsque la terre est bien foulée, on étend des pierres brisées le plus également possible, de manière à ce que les roues, après avoir monté sur les gros morceaux, ne brisent pas les petits en retombant.

Si l'on étendait les pierres sans les casser, les chemins seraient durs, raboteux, et se détérioreraient promptement. Voyez comme ce travail est bien exécuté sur les grandes routes, et combien elles sont différentes des anciens chemins, où l'on avait jeté pêle-mêle les grosses et les petites pierres, telles qu'elles avaient été ramassées dans les champs. En hiver enlevez souvent la boue, elle entretient l'humidité et amollit les meilleurs chemins ; au printemps comblez les ornières ; en été balayez la poussière, qui à la première petite pluie se transformerait en boue ; enfin faites votre revue une ou deux fois par mois et réparez à temps, c'est la grande science en toute chose.

La construction des chemins forcera aussi à enlever les pierres des terres cultivées, et en rendra la culture plus facile. On fauchera plus ras les prairies artificielles, et les instruments de toute espèce fonctionneront mieux dans les champs épierrés.

Réparez les anciens chemins, construisez-en de nouveaux ; ce sera la plus grande amélioration agricole que vous puissiez entreprendre.

20ᵉ Promenade.

Instruments.

Le temps des travaux approche ; visitons nos instruments, comme la veille d'une bataille on passe en revue les armes des soldats. Ce n'est pas le jour où l'on a besoin des instruments qu'il faut les réparer, mais bien aussitôt qu'on s'en est servi.

Voyons d'abord les charrues :

En voici une dont le soc est tout usé ; le coutre est aussi très-émoussé ; la terre ne pouvant pas être convenablement coupée par ces deux pièces, le tirage sera très-fort et le travail mal fait.

Mais peut-être n'avez-vous jamais réfléchi aux conditions que doit avoir une charrue pour faire un bon labour. Etudions sur celle-ci :

Premièrement, le *soc* doit couper la bande de terre que vous avez intention de retourner ; il passe en dessous et la détache horizontalement. Ensuite, le *coutre* la coupe verticalement, et le *versoir* la retourne, de telle sorte qu'elle ne tombe pas à plat, mais se soutienne sur un des angles. Par ce moyen, la herse l'attaquera plus facilement, l'air la pénètrera, et l'ameublissement se fera mieux.

Il faut donc que le soc soit tranchant, pour couper la terre avec le moins de difficulté possible ; que le coutre soit bien tranchant aussi et placé de manière à ce que la raie ouverte forme un angle droit avec le côté non labouré du sol.

Est-il besoin de vous faire remarquer que les grossières charrues en bois avec leur soc rond, qui déchire la terre au lieu de la couper, et avec leur versoir plat, ne peuvent faire qu'un labour pénible et incomplet. Elles remuent imparfaitement quelques centimètres de terre, et elles exigent pour ce mauvais travail un énorme tirage.

Ayez donc de bonnes charrues, bien faites ; les bons outils font le bon travail. Je vous recommanderai principalement l'araire, ou charrue sans avant-train, perfectionné par M. de Dombasle. Les charrues sans avant-train sont plus simples, plus solides et plus faciles à conduire que les charrues montées sur avant-train ; elles exigent moins de tirage, et obéissent plus facilement à la main du laboureur.

Les herses brisent les mottes, déchirent la terre, la pulvérisent, et servent à enterrer les semences. Il faut que leurs dents soient assez longues pour ne pas bourrer, et assez solides pour résister aux chocs qu'elles éprouvent. La herse dite Valcourt est une des meilleures.

Il existe un instrument bien simple, qui aide beaucoup à ameublir le sol, c'est le rouleau. Avec un rouleau et de bonnes herses, il n'est plus besoin de casser les mottes à la main et d'enterrer les semences au râteau. Ces travaux, si longs et si pénibles, se font promptement, mieux et à moins de frais.

Les rouleaux sont de gros cylindres qui, au moyen de brancards pour les chevaux, ou de timons pour les bœufs, peuvent être roulés sur le sol. On ne doit s'en servir que par un temps sec ; autrement, ils pétriraient la terre, qui s'y attacherait, et ils feraient plus de mal que de bien. Ils doivent être courts, afin de porter dans toute leur longueur environ 1 mètre 30 centimètres. Ceux en bois sont les plus simples, les plus économiques, et la plupart du temps ils suffisent ; on ne doit pas craindre de les faire gros. Les rouleaux en fonte, surtout ceux à disques mobiles, sont bien plus énergiques.

Les charrues à deux versoirs, pour tirer les raies d'écoulement, arracher et butter les pommes de terre, etc,; la houe à cheval, pour sarcler et biner ; les extirpateurs, pour donner de légers labours, et quantité d'autres instruments, économisent le travail et permettent de le faire d'une manière plus complète et plus expéditive. Mais vous ne pouvez les avoir tous au commencement de votre exploitation ; vous devez vous borner aux plus utiles, et l'on pourrait dire à ceux de première nécessité, tels que charrues, herses, rouleaux. Vous vous procurerez les autres peu à peu, et à mesure que vous les aurez gagnés.

21ᵉ Promenade.

Labours.

Puisque nous avons fixé notre choix sur la charrue de M. de Dombasle, allons labourer ; et pour bien apprécier celle qui est montée sur avant-train et celle qui marche sans roues, prenons les deux instruments.

Je vous dirai d'abord que le travail des deux charrues sera également bon ; mais je crois qu'après essai, vous reconnaîtrez que l'avant-train est inutile, et même gênant.

Commençons par la charrue sur avant-train. La profondeur du labour se réglera au moyen de la chaîne de tirage, dont nous avancerons l'anneau sur l'*age* pour labourer profondément ; nous le reculerons du côté de la charrue, si nous voulons un labour superficiel ; c'est-à-dire que nous relèverons ou abaisserons l'*age* au moyen de l'avant-train, et que nous le porterons à droite ou à gauche pour prendre plus ou moins de raie. Dans quelques charrues à avant-train, ces chan-

gements se font au moyen de vis ou de cla-
vettes.

Voyons maintenant : faites avancer les chevaux. La bande est bien retournée, et la charrue marche presque seule. Mais voici un terrain haut et bas ; les roues montent et descendent, et ma charrue en fait autant. Comment éviter cet arbre ou cette grosse pierre ? Mes roues ne me le permettent guère. Voici mes chevaux arrivés auprès de la haie, et la charrue est encore loin dans le champ. Tournons cependant ; nous verrons. Arrêtez les chevaux ; mon avant-train est renversé : aidez-moi à le relever.

Mais voyons la charrue sans avant-train ; je commence à croire que les roues et tout cet attirail me gênent.

L'espèce de crémaillère garnie d'une chaîne, que vous voyez au bout de la char-rue, sert à la régler. Si vous la montez, le labour sera profond ; si vous l'abaissez, il sera plus superficiel ; enfin, en portant la chaîne à droite ou à gauche, vous prendrez plus ou moins de largeur de raie.

Essayons maintenant. La charrue marche seule aussi ; les chevaux semblent tirer moins fort, et, avec très-peu d'efforts, la charrue obéit à ma volonté. Voyez cette élévation : je vais passer par dessous sans en être gêné, et j'évite bien facilement tous les obstacles qui se présentent. Au bout de la raie, je laisse moins de terre non labourée, et pour tourner, il n'est besoin que de renverser la charrue sur le côté droit, et de la diriger avec le manche gauche. Décidément, l'avant-train est gênant. Quand vous aurez labouré huit jours avec l'araire ou charrue simple, vous lui reconnaîtrez encore beaucoup d'autres avantages.

J'entends dire derrière moi que ce champ est labouré en larges planches de 3 à 4 mètres, et cet autre n'a que de petits billons de 1 mètre au plus ; on ajoute même que l'on a vu des champs labourés entièrement à plat.

Très-bien ! Je suis content que vous remarquiez cette différence ; j'aurais peut-être oublié de vous en parler. L'agriculture est une science d'observation, et celui qui observe deviendra bon cultivateur.

Dans les sols qui ne sont pas humides, le labour à plat est le meilleur, parce la terre est entièrement remuée, qu'elle est plus facile à ameublir au moyen des instruments, que les semailles y sont plus uniformes, et enfin que les récoltes s'y font mieux. Espérons que le drainage nous permettra d'adopter ce mode de labour.

Les labours en planches peuvent se faire dans tous les terrains ; ils permettent d'égoutter convenablement le sol, et de le labourer presque en entier.

Les petits billons laissent au milieu un intervalle non labouré ; la terre végétale se trouve rassemblée sur un seul point, et le fond de la raie en reste entièrement dépourvu. Entre chaque petit billon, il séjourne une grande quantité d'eau qui remonte aux racines des plantes, et la gelée les attaque plus facilement.

Enfin, comment faire fonctionner des herses, des rouleaux, des semoirs, etc., sur un terrain aussi inégal?

Rentrons maintenant; j'espère bien que, lorsque vous serez fermiers, vous prendrez l'araire et vous abandonnerez les petits billons.

MARS.

22ᵉ Promenade.

Semailles de printemps.

Nous allons rencontrer des laboureurs dans tous les champs, car c'est en mars que les travaux commencent réellement. Nous avons bien trouvé en février quelques fermiers occupés à semer de l'avoine; mais la terre n'est pas alors toujours assez ressuyée pour permettre d'exécuter les semailles, et, quoique très-bonnes en février, elles se font plus généralement en mars.

Voyez quelle activité! Celui-ci rompt une ancienne prairie pour semer de l'avoine; cet autre donne un fort coup de herse ou d'extirpateur sur un labour d'hiver pour faire la même semaille. Voici un cultivateur qui fait tardivement un premier labour pour ses plantes sarclées; enfin, nous ne voyons que chevaux, laboureurs, semeurs, etc.

Il semble que tout renaît : les hommes sont joyeux, et le soleil bienfaisant, qui va tout faire pousser, ranime aussi ce vieillard assis près de ses abeilles, dont quelques-unes commencent à sortir.

Ce que nous avions vu en automne se fait malheureusement au printemps : on sème de l'avoine après un froment ; vous savez combien c'est mauvais. Semez-la après des plantes sarclées, sur un labour d'automne, ou après un fourrage, ou encore sur des prés rompus par un seul labour. Un trait de herse à couvrir, et ensuite un léger coup de herse Valcourt l'enterreront suffisamment.

Le laboureur qui a l'intelligence de faire beaucoup de racines sème de préférence du froment de printemps après ces récoltes. Le froment d'hiver n'aurait pu être semé que trop tardivement, et du reste il n'y réussit pas très-bien.

Aussitôt les racines enlevées, la terre avait été labourée ; la gelée l'a ameublie, et l'air, en la pénétrant, l'a convenablement préparée à recevoir le froment de printemps. Maintenant qu'elle est bien ressuyée, semons notre froment clair ; le trèfle y réussira mieux, et comme la terre est riche, un hectolitre et demi suffira par hectare. Hersons comme pour l'avoine, roulons s'il y a des mottes et que le temps soit assez sec ; lorsque le froment sera bien levé, nous sèmerons la graine de trèfle, à raison de 25 à 30 kilos par hectare. Elle sera recouverte avec une herse très-légère, ou tout simplement avec des épines. Nous aurions pu semer le trèfle immédiatement après le froment ; mais dans les terres argileuses, les limaces le détruisent lorsqu'il est semé de trop bonne heure, et mieux vaut attendre le mois d'avril. Si notre semaille a été faite en lignes espacées de 25 centimètres, un léger binage détruira toutes les mauvaises herbes qui auront levé avec le froment et le trèfle se trouvera ainsi sur un sol très-propre.

Ne plaçons jamais le froment de printemps après un autre grain; il réussirait mal, grainerait peu et salirait la terre.

Nous avons vu faire de l'orge dans des terres sablonneuses; mais dans les terrains argileux, les laboureurs attendront le mois d'avril, et ils auront raison.

Cette céréale veut un sol bien ameubli, bien pulvérisé à la surface et plutôt sec qu'humide à l'époque de la semaille. Si vous la faites par un temps mouillé, elle jaunira et elle souffrira des petites gelées. Les orges n'aiment pas les terrains nouvellement défrichés, et surtout ceux qui sont aigres et marécageux.

On compte grand nombre d'espèces et de variétés d'orge, à 2, à 4, et à 6 rangs; quelques-unes se sèment en automne, comme l'avoine; on en fait aussi du fourrage printanier qui est très-estimé.

Toutes s'accommodent bien d'un sol préparé par des plantes sarclées et qui a reçu un labour d'automne ; il suffit de herser et de rouler comme nous l'avons vu faire pour le froment de printemps ; mais il faut que la terre soit plus sèche.

Sur les sols argileux, le trèfle réussit mieux dans les orges que dans les autres céréales, c'est aussi une fort bonne méthode de semer l'orge en ligne, de lui donner un léger binage lorsqu'elle est bien levée avant de semer le trèfle.

23ᵉ Promenade.

Semis de betteraves et de rutabagas. — Labours pour les plantes sarclées et le sarrasin. — Lin.

N'oublions pas qu'il faut semer au printemps ce qu'on veut consommer en hiver. Nos vaches auront faim quand l'herbe ne poussera plus.

Nous avons vu labourer pour préparer les terres destinées aux plantes sarclées ; on peut maintenant donner un second ou un troisième labour, et il est temps de faire des semis de betteraves, de rutabagas et de choux, qui devront être transplantés en mai.

Pour les semis, une terre bien fumée est indispensable, car il est toujours avantageux d'avoir de forts plants.

Les jardiniers recouvrent leurs semis avec du fumier menu ou du terreau ; faisons-en autant pour les nôtres, quoiqu'ils soient plus étendus, et nous en assurerons la réussite. Enfin, ne négligeons rien pour activer la végétation de ces jeunes plantes, qui sont l'espoir de notre récolte : arrosages, sarclages, etc., tout doit être mis en œuvre.

Il est bien temps de labourer les terres destinées à recevoir du sarrasin ; et les herses, les rouleaux, les extirpateurs, etc., doivent préparer encore les champs pour les betteraves, les carottes et les autres racines.

Les semailles de lin que vous voyez faire maintenant peuvent se prolonger en avril. On cultive aussi en automne une espèce plus rustique et moins délicate sur la nature du terrain, mais dont la filasse est plus grossière.

Ne semez pas le lin sur une terre nouvellement fumée, vous auriez de gros et de petits brins, et la filasse serait moins bonne. Dans un sol maigre, le guano, qui se répartit très-également, convient mieux que le fumier.

Après un trèfle ou sur une prairie rompue par un seul labour, on obtient souvent une très-belle récolte.

Si vous voulez de la filasse fine, semez épais ; en semant clair, vous aurez de la filasse plus grosse. En moyenne, il faut de 2 à 3 hectolitres de graine par hectare.

Le lin ne revient bien sur le même terrain qu'après un assez long temps.

On arrache le lin lorsque les tiges et les feuilles sont jaunes, et on le fait rouir ensuite.

Pour avoir de bonne graine de lin et de chanvre, il faut semer très-clair et laisser ces plantes arriver à leur entière maturité.

24ᵉ Promenade.

Hersages des blés. — Guano. — Noir animal.

Que sème ce cultivateur, qui herse son champ avec tant d'activité? Allons le voir. Mais ce n'est pas du grain qu'il enterre, c'est une poussière jaune qu'une femme répand devant la herse, et dans un champ de froment. Tout cela est bien extraordinaire ; pourquoi détruire ainsi du froment qui n'est pas trop mauvais? Cela ne devrait pas être permis.

Voici l'explication que me donne ce laboureur, et je le crois, car j'en ai souvent fait autant.

« Ce froment, semé un peu tard, sur une terre qui n'était pas assez riche, a mauvaise apparence et je crains qu'il ne réussisse pas. Pour le refaire, je sème un peu de guano, j'ai quelquefois employé le noir animal. Ces engrais très-actifs produiront un très-bon effet en les enterrant d'un trait de herse ; ils pénétreront jusqu'aux racines du froment qui, à cette époque, commencent à se développer en grand nombre.

« J'ai même hersé et roulé des froments sans mettre d'engrais, et je m'en suis toujours bien trouvé, surtout lorsque ces travaux sont exécutés par un beau temps.

« Quand la terre a été tassée par les pluies et qu'il n'y reste plus de mottes, je donne un fort coup de herse qui rechausse le froment, facilite le développement des racines du collet et ouvre la terre à l'influence de l'air.

« Si le froment est couvert de mottes, je roule d'abord et ensuite je herse. Ne vous effrayez donc pas de voir quelques brins de froment arrachés, il tallera, et pour un brin perdu j'en aurai cent. »

Mais voici le sac de guano ; quelle odeur infecte ! Il faut que cet engrais ait beaucoup de force, car on en met bien peu.

Ce guano n'est autre chose que des excréments d'oiseaux de mer que l'on va chercher jusqu'au Pérou. C'est l'engrais le plus actif que nous connaissions, et comme il agit très-promptement, on l'emploie de préférence pour ranimer la végétation des grains au printemps, pour les fourrages d'été et pour le sarrasin. Dans les prairies médiocres et même mauvaises, le guano semé au commencement de mars donne presque toujours de très-beaux résultats.

Le noir animal, dont le fermier vous a parlé, est du charbon d'os qui a servi à raffiner le sucre. Il produit de très-bons effets dans les terrains nouvellement défrichés et dans les landes. C'est un puissant moyen de fertiliser de grandes étendues de terrains incultes. Malheureusement, la fraude et les mélanges de toute nature ne permettent plus d'y avoir confiance, à moins qu'on ne l'achète dans les raffineries mêmes ou d'un marchand consciencieux.

Revenez dans un mois voir ce froment et vous reconnaîtrez que ce fermier ne l'a ni arraché ni perdu, et vous ne direz plus : *cela ne devrait pas être permis.*

AVRIL.

25ᵉ Promenade.

Semis de betteraves et de carottes sur place.

J'aperçois un laboureur qui, avec deux bœufs, conduit seul une toute petite charrue; allons de ce côté!

Il fait de petits sillons dans de la terre bien meuble qui avait déjà reçu deux labours très-profonds. Dans l'autre partie du champ, on a déposé des tas de fumier que des hommes mettent au fond de ces sillons. Notre laboureur a fini son premier travail; il revient enterrer le fumier, en faisant un nouveau sillon de deux raies juste où se trouvait le fond du premier; le fumier est ainsi au milieu du sillon.

Je suis convaincu que vous comprenez maintenant ce travail. Des femmes suivent et dressent légèrement le dessus des sillons avec des râteaux. Trois autres femmes sèment les betteraves : la première fait des trous de 3 à 4 centimètres de profondeur, et espacés de 50 centimètres environ ; la seconde met dans chaque trou trois ou quatre graines, et la troisième recouvre avec un peu de terre. Les petits sillons sont écartés de 80 à 90 centimètres.

Pour les semis de carottes, on s'y prend de même ; mais on peut mettre moins d'intervalle entre les lignes et entre chaque plante.

Très-souvent aussi on fume tout le champ en hiver ; et on fait ensuite les sillons sans mettre de fumier dans les raies.

26ᵉ Promenade.

Plantation des pommes de terre.

Nous allons planter des pommes de terre ; tout le monde pourra mettre la main à l'œuvre. Commençons par les couper avant d'aller dans les champs.

Nous mettrons de côté les toutes petites,

qui ne sont pas bonnes pour planter, parce quelles donnent ordinairement plus de petits que de gros tubercules. Laissons les moyennes entières et coupons les grosses en trois ou quatre morceaux, de manière, toutefois, à ce que chacun de ces morceaux ait au moins un ou deux bourgeons.

Plus les bourgeons seront gros, plus les tiges seront fortes et les tubercules abondants.

Si nous plantions après une céréale, la terre devrait avoir reçu un premier labour d'automne ou d'hiver et un ou deux de printemps, avec une forte fumure. Sur un vieux trèfle ou sur une prairie naturelle, un seul labour suffit. Du reste, les pommes de terre réussissent après toutes les cultures, et cette précieuse plante est une des moins délicates.

Commençons notre labour par deux grandes planches, ou, si notre champ n'est pas trop grand, divisons-le en deux parties. Attendons un peu que le laboureur ait commencé une des planches ; maintenant qu'il a fait trois raies, plaçons les pommes de terre à 30 centimètres environ les unes des autres, au milieu de la bande retournée par la charrue.

Pendant ce temps, le laboureur a commencé une autre planche ; nous allons y mettre aussi des tubercules, et il va recouvrir ceux que nous venons de placer, de manière à ce que les planteurs travaillent alternativement dans les deux planches et ne s'y rencontrent pas avec les chevaux.

On laisse deux raies vides et on plante dans la troisième pour les espèces tardives ; pour les précoces, de deux raies l'une. Après la plantation, nous herserons, et, s'il y a beaucoup de mottes, un coup de rouleau sera nécessaire.

Plus tard, lorsque les pommes de terre lèveront, il sera bon de herser de nouveau.

Cette manière de planter est simple, facile ; les pommes de terre se trouvent dans la terre meuble, elles ne sont pas exposées à pourrir, ce qui arrive quelquefois si on les jette négligemment au fond des raies, sur la terre dure ; enfin, les lignes sont assez espacées

pour permettre de biner, de sarcler à la
houe à cheval et de butter avec le buttoir.

27ᵉ Promenade.

Prairies naturelles.

Un champ abandonné à lui-même et couvert d'herbes est-il une prairie naturelle? Je
ne le pense pas.

Pour bien apprécier la valeur des prairies,
leurs différences de qualité et les soins qu'on
doit leur donner, transportons-nous sur les
lieux.

En suivant cette rivière et les ruisseaux
qui viennent la grossir, nous trouverons de
véritables prairies naturelles. Elles s'entre-
tiennent seules, sans engrais et chaque
année elles sont fertilisées par les déborde-
ments qui en se retirant, laissent un limon
très-riche en matières organiques.

Ces prairies, formées en général de terrains
d'alluvion très-profonds, très-riches, n'ont
besoin que d'un coup de herse au printemps

après que les taupinières ont été étendues ; et elles donnent un foin très-abondant qui n'a coûté pour ainsi dire ni frais ni travail.

On peut donc les louer plus cher que les terres labourables et que les prairies *hautes* qui ne sont que des champs *enherbés*.

Quittons la vallée, parcourons ces prairies élevées, nous reconnaîtrons qu'elles exigent beaucoup de travail, le foin y est de bonne qualité, mais moins abondant ; il faut fumer souvent pour obtenir un beau produit et au bout d'un certain temps, lorsque le sol sera fatigué de nourrir de bonnes herbes, il faudra défricher, cultiver pendant 4 ou 5 années des céréales, des plantes sarclées, des fourrages artificiels et puis les semer de nouveau en prairies.

Avant de faire ces prairies, ayez bien soin que le sol soit en parfait état, défoncé, fumé fortement, bien nettoyé au moyen des plantes sarclées et enfin dressé, desséché ou drainé de manière à ce que l'eau n'y puisse séjourner.

Les bonnes herbes ne peuvent vivre dans

un terrain où il se trouve des eaux stagnantes parce que l'air ne peut y pénétrer et que les engrais, les matières organiques qui doivent alimenter les plantes ne se décomposeraient pas et deviendraient souvent acides.

Il n'y a que les joncs et les carex qui s'accommodent des terres aigres et privées d'air. Mais vous savez que ces plantes font de mauvais foin, peu nourrissant, qui est rebuté par les animaux.

Vous pourrez semer vos prairies au printemps ou à l'automne, labourez, hersez, dressez le sol, roulez, hersez de nouveau jusqu'à ce que vous ayez obtenu une surface bien *droite*.

Choisissez de bonne graine de foin, ne prenez pas au hasard dans les greniers que vous ne connaîtriez pas, vous seriez exposé à semer de mauvaises plantes. Vous pouvez aussi faire un mélange de plusieurs espèces de graines, trèfles, ray-grass et autres graminées. Plus les espèces seront nombreuses, plus la prairie sera promptement faite et meilleur sera le fourrage.

Semez séparément les graines de différentes espèces et de différents poids, autrement les plus lourdes seraient lancées au loin et les plus légères tomberaient à vos pieds.

Une herse en épines, ou une herse très-légère enterreront suffisamment ces graines qui ne demandent pas à être très-recouvertes de terre.

Terminez votre travail par un bon épierrement.

Une prairie ainsi faîte, produira beaucoup et longtemps de très-bon foin.

Je le répèterai, parce qu'on est en général peu convaincu de cette nécessité :

Pour faire une prairie, il faut défoncer, égoutter le sol, fumer fortement et ne semer les graines de foin que sur une terre préparée comme pour les récoltes les plus exigeantes.

Ensuite des terreaux préparés d'avance, des fumiers bien décomposés, des hersages suffiront pour ranimer la végétation.

Si on eût opéré sur un sol maigre et incom-

plètement travaillé, les meilleurs soins et l
meilleurs engrais ne produiraient jamais q
de misérables résultats.

28ᵉ Promenade.

Prairies artificielles.

« Labourage et pâturage sont les de
mamelles de l'État » disait un grand ministe

Quelques personnes de la ville voyant c
beaux champs de trèfle, de ray-grass ou
vesces disent : quel dommage de tant cul
ver pour les bestiaux ; si on faisait du gra
au lieu de ces fourrages, nous paierions
pain meilleur marché.

Ces personnes ne savent pas ce que je vo
ai expliqué à propos des assolements, et ell
ignorent aussi qu'il ne suffit pas de labour
pour avoir du grain, mais qu'il faut enco
fumer, et que le fumier se fait avec les fou
rages.

Nous qui le savons, faisons beaucoup
nourriture pour nos bestiaux ; les prairi

naturelles nous donneront du foin pour l'hiver ; semons des prairies artificielles pour la nourriture du printemps, de l'été et de l'automne. Si nous n'avons pas assez de prairies naturelles, les prairies artificielles pourront aussi les remplacer et nous donner du foin à sécher.

En général, on se contente pour le printemps et l'été de l'herbe qui pousse toute seule sur les terres en friche. Mais faisons un calcul : je suppose que vous laissiez pousser cette herbe pour la faucher ; elle ne vous donnera pas deux milliers de foin par hectare, tandis qu'en trèfle ou autre fourrage bien engraissé, vous en aurez huit ou dix milliers. Oseriez-vous maintenant laisser vos terres en friche ?

Faites des fourrages à couper en toutes saisons : La navette et le colza pour mars et le commencement d'avril ; le seigle fin d'avril avec le trèfle incarnat semé en août ; le trèfle commun et les vesces, en mai et tout l'été ; le maïs, les petits pois, la moutarde blanche, les choux, etc., pour l'automne.

Sur les terres calcaires et profondes, semez la luzerne dans les orges ou autres céréales, à la fin d'avril. On la recouvre comme le trèfle, et on en met au moins 30 kilos par hectare. Elle donne beaucoup et dure long-temps.

Dans les terres peu profondes et calcaires, la lupuline ou minette dorée réussit bien et se sème de même; elle est moins productive.

Le sainfoin s'accommode des terrains les plus calcaires ; il ne donne ordinairement qu'une coupe très-abondante et qui fait d'ex-cellent foin sec. On le sème aussi dans une céréale ; mais comme sa graine est grosse, on doit herser plus fortement que pour les trèfles et les luzernes ; il faut 6 hectolitres par hectare.

Tous les fourrages se sèment très-épais.

Les ray-grass s'accommodent bien des terres humides et de médiocre qualité ; ils prospèrent partout. 50 kilos de graine par hectare sont nécessaires; on les mélange quelquefois avec les trèfles.

Le ray-grass d'Italie convient mieux pour

être fauché ; celui d'Angleterre, pour les pâturages. La graine du premier se reconnaît à une petite barbe ou arête.

Les vesces réussissent partout ; mais elles préfèrent les terres argileuses.

On peut les semer depuis le mois de février jusqu'en mai, et en automne, à la même époque que l'avoine et le froment. Après un grain, on donne un ou deux labours et on enterre à la herse. On mêle ordinairement aux vesces un cinquième d'avoine ou de seigle pour les soutenir, et on sème par hectare de 2 à 3 hectolitres de ce mélange.

Tous les animaux aiment le fourrage de vesce, en vert ou en sec.

MAI.

29ᵉ Promenade.

Nourriture au vert à l'étable.

Dans presque toutes nos promenades, nous avons parlé du fumier et de la nécessité d'en faire une grande quantité.

En visitant de nouveau les étables, voyon
quel est le meilleur moyen de s'en procurer

D'abord, n'oublions pas que les animau
sont de véritables instruments à fabriquer l
fumier. Si nous ne savons pas les utiliser
nous perdons beaucoup.

Nous arrivons dans cette ferme au bo
moment ; les vaches sortent de l'étable e
vont à la pâture : suivons les.

Voyez comme leurs excréments sont ré
pandus le long des chemins où ils sont per
dus. Ceux qui tombent dans la prairie y for
peu d'effet, car ils se dessèchent ou sont er
traînés par les eaux. Pour trouver leur maigr
nourriture, ces vaches sont forcées de par
courir une grande étendue de terrain et d
dépenser ainsi, en inutiles efforts, du four
rage qui ne profitera ni à la graisse ni a
fumier.

Mais voyons une autre ferme où les vache
restent toute la journée à l'étable, ne sortar
que quelques heures pour aller boire.

Ici la nourriture est distribuée à des heure
régulières. Après le repas, les vaches se re

posent, elles ruminent paisiblement et ne se tourmentent pas. Aussi rien n'est perdu : une partie de la nourriture se transforme en lait ou en graisse, et le reste va dans les excréments, qui sont gras et font de bon fumier. Combien de temps n'eût-il pas fallu à cette vache pour récolter autant de fourrage qu'elle en a mangé dans un repas ?

Mais, me direz-vous, comment nourrir toutes les bêtes à l'étable ? Je vous répéterai ce que je vous ai déjà dit cent fois : faites des fourrages, soignez-les ; vos bêtes grasses ne vous coûteront pas plus que des maigres.

A l'étable, vous pouvez rationner les animaux (1). La paille et le foin bottelés, distribués tous les jours par le maître de la ferme, portent beaucoup plus de profit que s'ils

---

(1) Lorsque les bêtes à cornes mangent en trop grande quantité et trop rapidement des fourrages verts, et surtout ceux de la famille des légumineuses, elles sont sujettes aux météorisations ou indigestions qui se manifestent par le gonflement du flanc gauche.

On doit d'abord faire promener l'animal, le bouchonner, et s'il ne désenfle pas, on lui fait avaler une ou deux cuil'erées d'ammoniaque liquide (alcali volatil) dans deux ou trois verres d'eau froide. Au bout d'une demi-heure, on peut re o mence r. La ponction, qui est le dernier moyen, doit être pratiquée par des hommes expérimentés.

étaient pris au tas, où ils sont gaspillés un jour et trop économisés l'autre.

Mesurez tout, rationnez, établissez de l'ordre, fermez vos greniers ; tout ira mieux.

Les soins de propreté sont nécessaires pour tous les animaux. Les chevaux, les bœufs et les vaches doivent être brossés et étrillés avec soin. La poussière qui couvre leur peau gêne la transpiration ; si vous les laissiez libres, ils se frotteraient le long des arbres pour se nettoyer eux-mêmes.

Ajoutons encore qu'à l'étable, il n'y a rien de perdu, pas même l'urine.

30e Promenade.

Lait, beurre, fromage.

Allons dans la laiterie.

Elle n'est ni trop chaude ni trop froide, et elle me semble tenue avec une grande propreté.

Le lait est jaune, épais, crémeux, et donne beaucoup de beurre lorsque les vaches re-

çoivent une nourriture abondante et variée.
Il est bleu, clair, et contient beaucoup d'eau
lorsqu'elles sont mal nourries.

Si les vaches ne sont pas sur une bonne
litière souvent renouvelée, elles ont le pis
sale ; il faut avoir soin de le nettoyer, et
même de le laver avec de l'eau tiède.

J'ai vu traire des vaches pour lesquelles
on n'avait pas pris ces précautions ; il cou-
lait avec le lait une sorte de boue verdâtre
qui se déposait au fond des vases et le cor-
rompait.

Il faut aussi tenir bien propres tous les us-
tensiles qui servent à traire les vaches et à
déposer le lait.

Dans certains pays, on baratte tout le lait :
ailleurs, on baratte la crême seulement. Pour
l'une comme pour l'autre méthode, si l'on
veut obtenir toute la quantité de beurre que
le lait doit contenir, il faut attendre que la
crême soit montée. Le lait frais tiré donne
peu ou point de beurre. Cependant n'attendez pas trop : vingt-quatre heures suffisent
en été ; en hiver, il faut deux ou trois jours.

La crème trop vieille fait de mauvais beurre.

Pour que la crème monte bien, on doit avoir des vases peu profonds et très-larges du haut. Dans quelques fermes, on se sert de pots étroits et élevés comme les pots à beurre ; on perd beaucoup.

Dans un pot élevé, la crème qui se trouve dans la partie inférieure ne peut arriver jusqu'à la surface, et il en reste une grande partie mêlée au lait.

Presque partout on bat le beurre avec des espèces de ribots ou pilons qui se meuvent de haut en bas dans des barattes en bois ou en terre. C'est un travail pénible et long, parce que la masse de lait est difficile à mettre ainsi en mouvement. D'autres systèmes agitent le lait plus facilement avec des ailes qui se meuvent circulairement au moyen d'une manivelle. Ces barattes ont en outre l'avantage de pouvoir se placer dans un baquet, qu'on remplit d'eau fraîche en été et d'eau tiède en hiver.

Quel que soit le moyen que vous employiez pour baratter, il faut autant que possible conserver une température égale et ne pas interrompre l'opération.

La confection du beurre exige une grande propreté et beaucoup de soin. Lorsqu'il est fait et retiré de la baratte on le délaite en le pétrissant dans un large plat au moyen d'une cuillère en bois. S'il reste du petit lait, le beurre se conserve mal et prend promptement un mauvais gout.

Le lait de beurre est une excellente nourriture pour les porcs.

A quoi sert cette sorte de vessie pendue au plancher et dont on a enlevé un morceau ? Elle sert à faire cailler le lait pour fabriquer les fromages. C'est une caillette, ou estomac d'un jeune veau. Après avoir été lavée, puis mise à macérer pendant trois ou quatre jours dans du sel et du vinaigre, elle a été enflée et suspendue au plancher pour se dessécher.

La fabrication des fromages est souvent un moyen de tirer bon parti du lait, et je vous conseille d'en essayer quelques-uns.

Voici comment se font les plus simples :
Prenez, pour deux ou trois litres de lait,

un petit morceau de caillette grand comme une pièce de 10 centimes ; mettez-le à tremper pendant quelques heures en tenant le vase un peu chaud. Lorsque le lait sera assez dur, retirez-en la caillette et versez-le dans un vase sans fond, en bois ou en ferblanc, placé sur une planchette. Le petit-lait sortira facilement, et il ne restera que le caillé. Six heures après, tournez le moule sens dessus dessous et laissez égoutter de nouveau ; le jour suivant, le fromage pourra en être retiré. Salez, retournez le lendemain, et mettez du sel de l'autre côté. Faites ensuite sécher sur une claie suspendue dans le cellier s'il fait sec, et dans le grenier si le temps est humide.

Pour donner aux fromages toute leur qualité, enveloppez-les dans de la paille d'orge légèrement mouillée et placez-les dans des caisses ou dans des pots.

On peut aussi employer, pour faire cailler le lait, un liquide connu dans le commerce sous le nom de *présure*. Pour quatre ou cinq litres de lait, il en faut une cuillerée.

Il se fait un grand nombre d'espèces de fromages dont la fabrication est plus compliquée ; nous ne nous en occuperons pas ici.

31ᵉ Promenade.

Plantation , binage et sarclage des betteraves. — Semailles de chanvre.

Voici le moment de transplanter les betteraves, les rutabagas et les choux semés en mars. La transplantation des choux peut se continuer jusqu'en juillet. Nous avons eu le temps de labourer, herser et rouler la terre, qui est bien meuble maintenant.

Nous ferons de petits sillons, comme pour les semis sur place, et nous planterons sur le haut.

Si la terre est fraîche, la reprise sera bien assurée ; mais, s'il fait sec, il est bon de tremper les jeunes racines dans une bouillie très-claire, faite avec de la bouse de vache, et d'épointer les feuilles avant de planter.

Dans les terres riches et préparées depuis

longtemps, semez en place ; dans les terres qui n'ont pas encore été soumises à une bonne culture, on réussit souvent mieux en transplantant.

Les lignes des premières betteraves semées sur place commencent à être bien apparentes; il est temps d'y passer la houe à cheval et de les éclaircir, en ne laissant qu'un pied dans chaque endroit.

Celle que nous plantons maintenant devront aussi bientôt être binées à la houe à cheval entre les lignes, et avec une petite pelle ou une légère houe à main entre les plantes.

Pour obtenir tous les avantages des cultures sarclées, binez et sarclez fréquemment; vos soins seront largement payés.

Les choux sont un fourrage très-précieux pour la nourriture et l'engraissement du bétail à cornes; ils s'accommodent mieux que les betteraves de toute espèce de terre. Dans les sols nouvellement défrichés, les rutabagas et les choux sont souvent les seules plantes sarclées que l'on puisse obtenir.

Ce que je vous ai dit de la culture des betteraves s'applique très-bien à celle des choux. Ils doivent être transplantés en lignes espacées d'un mètre environ, en laissant un intervalle de 60 à 80 centimètres entre les plants.

On peut planter les choux dès le premier printemps, pour l'été et l'automne; ceux que l'on transplante en mai, juin et juillet sont pour la consommation de l'hiver.

Depuis vingt ans, je vois cultiver le chanvre dans ces terrains profonds; il y est toujours beau, bien différent du lin, qui ne réussit sur le même sol qu'après un assez long intervalle de temps.

La terre doit être fortement engraissée, bien ameublie et profondément labourée. De même que le lin, le chanvre se sème clair pour avoir de grosse filasse, longue et forte, et épais, si l'on en veut de fine.

La récolte se fait en deux fois; les pieds qui portent les étamines doivent être arrachés les premiers, et ceux qui donnent la graine **un peu plus tard**, lorsqu'elle est mûre (1).

On rouit le chanvre et le lin après les avoir fait sécher.

Espérons que les procédés perfectionnés nous délivreront des routoirs, si malsains dans nos campagnes.

Les machines à teiller sont aussi en voie de perfectionnement.

JUIN.

32ᵉ Promenade.

Sarrasin. — Binage et sarclage des racines.

Souvent, à la fin de mai, on commence les semailles de sarrasin ; mais c'est en juin qu'elles se font le plus ordinairement.

Le sarrasin n'est pas épuisant ; il vient promptement et se contente d'un peu d'engrais en poudre. C'est pour cela que je vou

(1) Le chanvre mâle est celui qui fleurit sans produire de graine, et que l'on récolte le premier. Les pieds femelles sont ceux qui portent la graine.

ai parlé du guano et du noir animal comme lui convenant particulièrement.

Vous avez vu combien nos fermiers sont négligents pour préparer les terres destinées au sarrasin ; ils attendent souvent très-tard ; la terre est dure et difficile à rendre meuble.

Ce travail, exécuté à la main, est un des plus pénibles. Un bon rouleau et une herse le feraient beaucoup mieux, parce qu'ils ameubliraient plus profondément. Faites donc en sorte de vous procurer ces outils.

Mais pourquoi les cultivateurs attendent-ils aussi longtemps pour labourer leurs terres ? C'est qu'ils y mettent leurs vaches au printemps, n'ayant pas d'autres ressources pour les nourrir. Je vous répéterai encore que cette pratique est désastreuse ; elle ruine le fermier et amaigrit son bétail. Le plus mauvais fourrage printanier est plus profitable.

On sème le sarrasin pour préparer le sol à recevoir le froment ; c'est une bonne méthode, qui nettoie la terre et produit quelquefois beaucoup. Il doit être semé clair ; un hectolitre par hectare suffit. On le recouvre légèrement d'un trait de herse.

Il ne faut cultiver le sarrasin que dans les terres sablonneuses et légères. Dans les sols argileux il coûte plus qu'il ne produit et sera avantageusement remplacé par le colza, les plantes sarclées, le trèfle, les vesces.

Il est bien temps de donner un second binage et un sarclage aux betteraves. Que le fermier ne néglige pas ce travail ; car, s'il laisse croître les herbes, la houe à cheval sera insuffisante, les racines s'étioleront et ne deviendront jamais aussi belles,

Lorsque les pommes de terre sont trop malpropres pour que la houe à cheval puisse y passer, servez-vous d'une charrue ordinaire dont vous enlèverez le versoir ; quelque temps après, la houe à cheval pourra être employée, et ensuite, vous butterez avec la charrue à deux versoirs.

33ᵉ Promenade.

Fenaison.

Qu'attendons-nous pour couper les foins ? La plupart des herbes sont en fleur ; et en les remuant le matin, il s'en échappe une poussière abondante qui n'est autre chose que le pollen ; nous pouvons donc être assurés que la floraison est complète : c'est le moment où les plantes contiennent le plus de sucs nutritifs. Si nous les laissons grainer et jaunir, elles perdront leurs qualités, et le foin ne vaudra guère mieux que de la paille.

Fauchez bien ras ; c'est près de la terre que se trouve le foin le plus épais. Mais, pour que la faulx puisse raser le sol, il faut avoir épierré, étaupiné, roulé et hersé avec une forte herse en épines. Si vous avez négligé ce travail jusqu'à présent, n'oubliez pas de le faire l'année prochaine, au printemps.

Vous pourrez laisser les andains une journée et même deux sans les faner. Ils souffrent beaucoup moins en cet état que s'ils ont été étendus et qu'ils mouillent ensuite ; même quand il fait très-beau, le foin coupé le jour ne doit être fané que le lendemain. Veillez à ce que le fanage s'exécute avec soin, si l'herbe reste en paquets, le travail est long et incomplet. Ratelez toujours le foin à mesure qu'on le ramasse ; car celui qui reste étendu sur la prairie pendant la nuit perd sa couleur, son odeur et donne un mauvais aspect à toute la masse.

Les machines à faner, les rateaux traînés par des chevaux exécutent mieux et plus promptement la récolte du foin qu'on ne pourrait le faire à la main ; malheureusement ces instruments ne sont pas encore à la portée des petits cultivateurs.

Craignez la plus légère pluie, elle ôte au foin sa couleur et son odeur ; faites donc chaque soir de petits tas que vous déferez le lendemain, jusqu'à ce que tout soit assez sec pour être mis en plus gros tas, qui doivent rester dans la prairie pendant quelque temps, si l'on veut rentrer le foin dans le grenier.

Lorsque le foin doit être mis en grosses meules, on peut l'entasser aussitôt qu'il est sec ; la fermentation se fera convenablement. En hiver, on coupera une partie de la meule pour botteler et rentrer dans les greniers. Le foin ainsi conservé a souvent plus de qualité que celui qui a été bottelé sur les prairies avant d'avoir subi une légère fermentation qui lui est si nécessaire.

Les fourrages des prairies artificielles peuvent aussi être convertis en foin sec ; mais les plantes de la famille des légumineuses (trèfles, vesces, luzerne, etc.), perdent facilement leurs feuilles ; il faut éviter de les faner.

On se contente de les tourner et retourner doucement. La dessiccation est plus difficile que pour les herbes des prairies naturelles ; aussi est-il encore plus nécessaire de les laisser fermenter en gros tas avant de les rentrer.

Il y a même une méthode pour faire ces

foins, ainsi que les regains, sans les exposer au soleil, en les mettant en tas aussitôt qu'ils sont fauchés. Ils fermentent fortement, prennent une odeur douce, assez agréable, et sont très-recherchés des animaux. Vous trouverez cette méthode décrite dans tous les ouvrages d'agriculture, et vous pourrez les consulter lorsque vous serez fermiers.

JUILLET.

34ᵉ Promenade.

Récolte du colza.

Les linots et les tourterelles s'abattent sur les champs de colza; veillons de près, il est bientôt temps de le couper. Faisons chaque soir le tour de nos champs. Les siliques deviennent jaunes et transparentes ; un assez grand nombre de graines sont brunes, et nous en trouvons de noires. Coupons vite, il n'y a pas de récolte qui attende moins. Quelques jours trop tard, les siliques s'ouvriraient d'elles-mêmes, et le sol serait noir de graines perdues.

Coupons à la faucille et faisons de petits tas, comme je vais vous l'indiquer. Un premier rang de javelles sera d'abord placé en rond, les têtes se joignant au milieu; un deuxième de la même manière, mais rentrant davantage vers le centre, et ainsi de suite, de telle sorte que le tas arrive à se terminer comme une petite meule de foin. Il devra avoir environ 2 mètres de hauteur. Alors on prend des deux côtés opposés quelques brins de colza; aux deux tiers environ de la hauteur du tas, on les croise et on les attache sur le sommet, pour empêcher que le vent n'emporte la paille, devenue trop légère lorsqu'elle est sèche.

Le colza achève ainsi de mûrir. Au bout de huit ou quinze jours, on le bat sur des bâches ou toiles; car la graine perdrait beaucoup de ses qualités, si on la battait sur la terre.

Pour transporter les tas, on passe dessous, très-doucement, deux longs bâtons et

on les enlève afin de les déposer sur une espèce de civière garnie de toile, puis on les
transporte ainsi jusque sur la *bâche* préparée
pour les battre. Est-il besoin de dire qu'il
faut mettre un peu de paille ou de siliques
battues sous cette aire de toile, si on ne
veut qu'elle soit usée ou déchirée en portant
sur la terre dure et inégale. On dresse les
javelles de colza presque debout; elles se
battent ainsi plus facilement. On les retourne et on bat de nouveau. C'est un travail facile et promptement fait. Les machines
à battre disposées pour ce travail le font rapidement et bien.

Il est bon de ramasser la graine avec une
certaine quantité de siliques, elle s'échauffe
moins ; cependant, elle doit être remuée au
moins tous les jours. Quand elle semble bien
sèche, on la nettoie en la passant au tarare
et à la grêle.

Elle devient noire, si elle a été récoltée en
temps convenable et bien soignée ensuite. Plus
elle est noire, plus elle est recherchée. Cependant, elle est encore très-bonne lorsqu'elle

contient quelques graines brunes ou rougeâtres. Ce qui lui fait le plus de tort, ce sont les grains blanchis par une trop forte fermentation.

La graine se vend pour faire de l'huile ; la paille sert en litière, et les siliques sont une bonne nourriture pour les vaches et les moutons, lorsqu'on peut les conserver à l'abri de l'humidité.

Je vous conseille donc la culture du colza, c'est une des plus productives que vous puissiez entreprendre.

35ᵉ Promenade.

Récolte et battage des Céréales.

Les épis et la paille jaunissent, les seigles et les avoines d'hiver sont mûrs. Le grain du froment est doré et dur comme de la cire, appelons les moissonneurs.

Pourquoi coupez-vous la paille à moitié de sa longueur? Il faudra un nouveau travail pour faucher le chaume et vous en perdrez beaucoup. Votre terre ne sera pas libre en temps convenable pour faire les fourrages de navets, colza, etc., que je vous ai tant recommandés.

En coupant par le pied, vous aurez, il est vrai, plus de paille à battre; mais nous verrons bientôt que c'est un faible inconvénient, largement compensé.

Laissons les javelles étendues quelques jours avant d'en faire des gerbes. Si nous ne pouvons les rentrer dans les granges, mettons-les en tas, ayant soin de placer tous les épis en dedans et d'incliner les gerbes de dedans en dehors, afin que la pluie ne se rende pas du côté de l'épi.

Le seigle est ordinairement le premier mûr; ensuite l'avoine d'hiver, qui se coupe encore un peu verte, sans quoi elle laisse tomber son grain : elle achève de mûrir en javelles; il lui est même bon de recevoir alors une petite pluie; elle se bat mieux.

L'orge se coupe plus mûre, ou il faut la laisser sécher, car elle s'échaufferait en tas. Cependant, dans quelques espèces, l'épi se détache facilement, si on laisse dépasser un peu le point de maturité. Lorsqu'on est obligé de la conserver long-temps en javelles, il faut la retourner souvent, ou bien elle germe. On la met en gerbes comme le froment, le seigle et l'avoine.

Autrefois, on battait sur des aires avec des fléaux ; c'est un travail pénible, long, et souvent gêné par la pluie.

Maintenant, on se sert presque partout de machines qui battent plus vite et mieux, laissent une plus belle qualité au grain, qui ne se trouve plus sali par la poussière et les pierres des aires, et permettent de battre même sans le beau temps. Espérons que bientôt, avec de vastes granges, il sera possible d'attendre pour le battage l'époque où les attelages ne sont pas occupés.

Les grains battus et nettoyés doivent être souvent remués dans les greniers, jusqu'à ce qu'ils soient complétement secs S'ils prenaient une odeur de moisissure, ils perdraient beaucoup de leur valeur. En les passant souvent au tarare, lorsqu'ils ont été récoltés par l'humidité, on empêche qu'ils prennent cette mauvaise odeur et si on continue à les remuer on évite le charençon.

La paille de froment est regardée comme la plus nourrissante; ensuite vient celle d'avoine, puis la paille d'orge et enfin celle de seigle, qui n'est guerre bonne pour la nourriture des animaux.

AOUT.

36ᵉ Promenade.

Animaux.

Pendant le mois d'août, vous n'avez plus d'école; il ne faut pas cependant que ce soit un temps complétement perdu.

Allons dans les étables des fermes voisines; cherchons à connaître les bonnes bêtes et les qualités qu'elles doivent avoir, suivant que nous voulons en obtenir du travail, du lait ou de la viande.

C'est en voyant beaucoup d'animaux et en

les comparant que l'on peut en faire la différence.

Vous êtes trop jeunes pour que je vous
parle des diverses races, bretonne, Durham,
normande, ayrshire, etc. D'ailleurs, je crois
que chacune a ses qualités, et il s'agit plutôt
de savoir choisir ce qui convient à l'état de
sa culture et au but qu'on se propose,
que de préconiser telle ou telle race en abais-
sant toutes les autres.

Je vous dirai seulement de choisir les animaux les mieux conformés, car il faut toujours finir par les engraisser et les vendre à
la boucherie, et ceux qui sont bien faits ont
plus de valeur.

En général, on estime les bêtes à large
poitrine, parce que c'est dans cette partie
que se trouvent les organes les plus essen-
tiels à la vie.

La tête doit être courte, les naseaux larges,
le cou court, le dos droit, la croupe et les
cuisses développées, les jambes courtes, la
peau souple et non adhérente aux côtes, les
os fins.

Pour le travail, nous trouverons en Vendée et dans le Nantais de très-bons animaux ; nos vaches bretonnes sont laitières et faciles à nourrir ; c'est la race par excellence pour utiliser des fourrages qui ne pourraient suffire à celles de plus grande taille. Elle peut maigrir et engraisser ensuite, tandis que les espèces très-exigeantes engraissent difficilement lorsqu'elles ont trop souffert.

La race anglaise de Durham est superbe ; c'est une des mieux conformées. Elle a le corps arrondi, les os petits. Elle engraisse avec une grande facilité.

La race d'Ayr, ou ayrshire, est plus petite, bien faite aussi et laitière ; elle pourrait améliorer notre espèce bretonne.

La race normande, grande mangeuse et très-productive en lait, ne convient que dans les terrains riches, où le fourrage ne manque jamais.

Est-ce à dire que, dans telle ou telle race, on ne trouve que des bœufs de travail ; dans l'autre, des animaux de boucherie, et que, dans telle autre encore, toutes les vaches sont laitières? Non certainement.

Je sais qu'en Vendée on trouve de bonnes vaches à lait; que grand nombre de Durham sont très-laitières aussi, et qu'en Normandie comme en Bretagne on peut en rencontrer de mauvaises.

Plus tard vous apprendrez, dans des ouvrages spéciaux, les caractères de toutes ces races. Vous étudierez le système Guénon, qui vous aidera à reconnaître les bonnes vaches laitières.

Quand vous aurez tous les fourrages dont nous avons parlé, vous entretiendrez de belles et bonnes bêtes, qui seront très-profitables.

N'élevez de veaux que ce que vous pourrez en nourrir. Ne les forcez pas à manger une grande quantité d'aliments solides avant deux à trois mois. Un veau qui mange trop jeune de l'herbe ou du foin devient ventru. Ses membres sont grêles, et il est longtemps misérable. Un bon veau vaut mieux que deux mal nourris.

Je vous dirai, pour les moutons comme pour les vaches, prenez la race appropriée à votre sol et à votre nourriture

Ces petites espèces, en apparence si misérables, vivent sur les landes et les rochers, dont aucun autre animal ne pourrait utiliser la maigre pâture.

Dans les bonnes cultures, le mérinos à laine fine ; dans les terres trop humides, les races importées d'Angleterre, seront très-avantageuses.

Pour les cochons, ce sera toute autre chose ; je conseillerai de choisir immédiatements les meilleurs ; ils sont plus faciles à nourrir, et utilisent mieux les aliments qu'on leur donne.

Nos cochons sont mal faits, difficiles à engraisser et peu productifs.

Prenez des animaux peu osseux, à petite tête, au corps allongé et cylindrique, aux jambes courtes. Nous avons en France de bonnes espèces ; mais ces qualités se trouvent plus particulièrement dans les races anglaises, qui commencent à devenir très-communes.

L'étude de la conformation du cheval est au-dessus de nos forces; j'attendrai pour vous en parler.

Si vous élevez, il est encore plus important que pour les autres animaux de faire un bon choix, car un mauvais cheval coûte aussi cher à nourrir qu'un bon et rapporte moins.

Nous avons en Bretagne une excellente race, qui serait encore meilleure si l'on en prenait assez de soin.

Je terminerai en vous conseillant de fréquenter le moins possible les foires. Très-souvent on abandonne, pour y aller, des travaux pressés, et, peu à peu, on prend même l'habitude de courir tous les marchés, où l'on débute par le cabaret, sous le prétexte le plus insignifiant. Vous pouvez bien acheter un bœuf ou le vendre sans boire. La vente faite de sang-froid vaut toujours mieux qu'avec accompagnement de bouteilles et de poignées de main.

37ᵉ Promenade,

Terres.

Partons pour une promenade lointaine; j'ai bien des choses à vous faire remarquer.

Regardez à vos pieds; vous connaissez les joncs, en voilà partout dans cette prairie.

Dans le champ tout à côté, c'est cette herbe qu'on appelle prèle ou queue de cheval.

Le sol est rempli de crevasses, et la terre qui est sortie de ce fossé paraît bien tenace.

Mouillons-la; elle se pétrit comme de la pâte et retient beaucoup d'eau.

C'est de *l'argile*, ou *terre argileuse*, ou *terre forte*, ou *terre compacte*.

Lorsque les champs sont très-argileux, ils sont difficiles à cultiver; il faut les diviser et les égouter par tous les moyens possibles. Les fumiers pailleux, les labours avant les gelées et en temps sec sont ordinairement employés avec succès.

Si la terre n'est pas trop compacte, elle conviendra à la culture du froment, du colza, des betteraves, du trèfle, etc., et sera très-productive.

Voici précisément un champ où le chaume est gros et fort ; le froment a dû être très-beau. La terre me semble plus argileuse que sablonneuse. Quelle est cette grande plante qui ressemble à du sureau ? Ce sont des yèbles, qui ne viennent guère que dans les bonnes terres à froment.

Je sais une petite histoire à ce sujet.

Un vieillard presque aveugle allait pour louer une ferme avec son fils. En arrivant, le fils dit : Attendez, mon père, je vais attacher mon cheval à cette touffe d'ajoncs et de bruyère.

« Allons-nous-en, dit le vieillard. »

Plus tard ils retournèrent visiter une autre ferme et le fils dit à son père que le cheval était attaché à une touffe d'yèble. « C'est ici qu'il faut rester, mon fils ; si la terre est plus chère, elle nous nourrira facilement. »

Continuons notre promenade.

Voilà d'autres champs couverts de coquelicots, de spergules, de bluets, de fougères, de digitales pourprées. La terre est plus lé-gère, elle retient moins l'eau et se dessèche plus promptement.

C'est une terre *sablonneuse* ou *légère*.

Elle conviendra plus particulièrement au seigle, au sarrasin, aux carottes, etc. Pour l'améliorer, nous mettrons de préférence des fumiers bien consommés, et surtout ceux des bêtes à cornes, qui y maintiendront plus d'humidité que les fumiers chauds, comme ceux de cheval, très-propres aux terres argileuses.

Je connais un terrain *calcaire* où nous trouverons d'autres plantes ; il n'est pas très-éloigné d'ici. Nous y arrivons ; car je vois les haies remplies de clématite, dite herbe aux gueux. Voici l'iris fétide ; les noyers sont magnifiques, la terre est couverte d'arrête-bœuf ou ononis, de lotier corniculé, de lupuline ou minette dorée ; enfin, de tou-tes les plantes dont la fleur est faite comme un papillon, et auxquelles on a donné le nom de légumineuses.

Cette *terre calcaire* est blanche ; nous **en**

trouverons de jaune et de couleurs très-variées ; mais c'est la blanche qui est la plus commune. Elle bouillonnerait, si l'on versait dessus des acides, comme le vinaigre ou l'acide nitrique. Mais vous êtes trop jeunes maintenant pour essayer des analyses : plus tard, les livres de chimie agricole vous diront comment les faire ; je vous recommande surtout ceux de M. Malaguti.

La terre calcaire, vous le voyez, est un peu légère et se dessèche promptement; elle doit être traitée comme la terre sablonneuse.

Si elle est presque pure, le sainfoin, la luzerne, la lupuline y prospèreront; quand il s'y trouve de l'argile et du sable, elle est très-propre à la culture du froment.

Si ces terres *argileuses*, *sablonneuses* et *calcaires* étaient séparées, elles ne vaudraient rien ; réunies, elles sont productives. Nous trouverons partout du sable et de l'argile ; mais le calcaire peut manquer, et alors il y a toujours grand avantage à l'apporter sur les champs qui n'en contiennent pas, comme nous le verrons en disant un mot des amendements.

Ce n'est pas encore tout; il faut dans cette terre mélangée des matières capables de nourrir les plantes; sans cela, il n'y aurait aucune végétation. Où trouverons-nous ces matières? Dans les excréments et les débris des animaux, et aussi dans les débris des plantes. Renfermées dans le sol, elles formeront l'humus, substance noirâtre indispensable à la végétation, et qui donne au sol toutes ses qualités. Ainsi, plus la terre contient de débris de plantes et d'animaux, plus elle est fertile. Cependant il peut arriver qu'ils se soient incomplètement décomposés; alors nous aurons la ressource d'employer les amendements qui facilitent leur action.

Les terres dont la couche labourable est très-épaisse sont les meilleures, et nous pouvons assurer que plus elles sont profondes, plus elles sont productives.

La couche qui se trouve au-dessous de la terre labourable se nomme sous-sol; elle a aussi une grande influence sur la fertilité des terres.

Le sous-sol argileux trop compacte, ou formé de bancs de pierres dures, retient l'eau et gêne la culture, s'il n'est qu'un peu argileux, il convient aux terres sablonneuses.

Le sous-sol sablonneux est bon sous l'argile.

Le calcaire est un bon sous-sol lorsqu'il n'est pas trop à la surface.

Dans notre pays, le sous-sol schisteux feuilleté et mou, se délitant à la gelée et attaquable à la charrue, est un des meilleurs.

J'aperçois une prairie qui a bien mauvaise apparence: allons la voir.

La terre tremble sous les pieds; elle est toute noire, couverte de mousse. Tenez, voici mon bâton qui s'y enfonce jusqu'au haut. C'est de la tourbe.

Elle est formée de plantes qui ne se sont pas bien décomposées, parce qu'elles étaient dans l'eau, et que l'air n'y a pas suffisamment pénétré.

Quoique provenant de débris végétaux, elle ne vaudrait rien comme engrais; mais, si nous la desséchons, elle pourra faire de la litière, et lorsqu'elle aura fermenté, elle deviendra de bon fumier. Mélangée avec de la chaux ou des cendres, elle acquerrait aussi des propriétés fertilisantes. Nous pourrions la faire brûler en gros tas et employer la cendre comme amendement.

Si nous manquons de bois, elle servira à chauffer l'eau pour nos vaches pendant l'hiver, et serait au besoin un assez bon combustible dans nos cheminées.

Cette prairie tourbeuse devrait d'abord être débarrassée de l'eau, exposée à l'air au moyen de fréquents labours et hersages, et améliorée avec des amendements, tels que la chaux, les cendres, puis engraissée au moyen des fumiers chauds.

Du reste, l'air est aussi très-nécessaire à l'amélioration de toutes les terres. Il y apporte des principes de vie pour les plantes, et aide puisamment à l'action des engrais.

C'est pour cela que les labours profonds, les hersages et le drainage produisent de si bons effets.

38ᵉ Promenade.

Amendements.

Cette causerie sera courte, mais importante, et comme nous devons nous séparer pour un mois, j'espère que vous allez me prêter toute votre attention.

Nous avons parlé des engrais; nous allons dire un mot des amendements.

Les engrais nourrissent les plantes, et proviennent de matières organisées, animales ou végétales

Les amendements passent bien dans l'organisation des végétaux; mais ils ne les nourrissent pas. Ils sont le plus souvent des matières inorganiques.

Les plus employés sont : la chaux, la marne et le plâtre.

Dans les terres qui ne sont pas calcaires,

la chaux produit des effets merveilleux. Certaines plantes en contiennent beaucoup, et elles ne peuvent végéter, si elles n'en trouvent pas dans le sol. D'un autre côté, elle aide à la décomposition des matières organiques, qui, sans elle, n'agiraient quelquefois que très-lentement.

Aussi convient-elle bien dans les terres nouvellement défrichées.

Quelquefois on la mêle aux gazons des *forrières*, ou bien on en fait des espèces de composts avec les mauvaises herbes, ou encore on se contente de la mélanger à une certaine quantité de terre, et on la répand ensuite. De quelque manière qu'on l'emploie, il est important qu'elle soit étendue par un temps sec et enfouie très-superficiellement; on en met environ vingt barriques par hectare (46 hectolitres).

Voyez ce champ, où croissent abondamment la digitale et la fougère. Il n'avait jamais produit de trèfle; depuis le chaulage, ce fourrage y prospère.

Cette terre blanchâtre, qui ressemble à

l'argile, est de la marne. Comme tous les cal-caires, elle se délite dans l'eau et bouillonne dans les acides. Elle est composée en partie d'argile et de calcaire. Son action est moins prompte que celle de la chaux ; mais elle est plus durable. Il en faut une plus grande quantité, 60 mètres cubes au moins, suivant la nature de la marne et celle du sol sur lequel on l'emploie.

Nous commençons à utiliser, sous le nom de *custine*, une espèce de calcaire dont les effets sont à peu près les mêmes que ceux de la marne. Je vous engage beaucoup à en faire usage; mais surtout n'en abusez pas, car, après avoir donné de belles récoltes, vos terres ne produiraient plus rien, et il serait très-difficile de les remettre en bon état.

Le plâtre s'emploie en petite quantité; c'est sur les feuilles des plantes qu'il agit, et surtout sur celles de la famille des légumineuses. Semez-le dès le matin, par une forte rosée, sur vos jeunes trèfles, luzernes, vesces, etc., et toujours réduit en poudre très-fine, qu'il soit cuit ou non.

Les amendements sont un puissant moyen de fertiliser les terres; mais aussi ils fournissent aux mauvais cultivateurs tout ce qu'il faut pour les épuiser. Servez-vous en donc avec ménagement et intelligence, et souvenez-vous qu'*ils ne dispensent pas de fumer*.

L'année prochaine, vous reviendrez, et vous me rendrez compte de ce que vous aurez vu. J'espère que vous trouverez moyen d'appliquer à la culture de vos parents quelques-unes des bonnes méthodes dont nous avons si souvent parlé.

39 ᵉ Promenade.

Jardin. — Abeilles.

Toutes nos promenades sont terminées : cependant, je veux encore vous faire visiter le jardin, trop souvent négligé dans la plupart des fermes.

Un jardin bien entretenu pour les besoins de la maison est la partie de l'exploitation qui produit le plus, et les quelques charretées de fumier que vous y consacrerez seront largement payées.

Les légumes sont une nourriture saine et indispensable à la santé. Il faut donc que le jardin d'une ferme soit toujours abondamment pourvu de ceux que l'on consomme le plus habituellement, tels que choux, carottes, navets, ognons, poreaux, laitues, pois, haricots, etc.

Je ne vous engage pas à faire du jardinage pour le marché : à moins de circonstances extraordinaires, il vaut mieux laisser ce commerce aux jardiniers de profession. La vente des légumes vous conduirait trop souvent à la ville, et vous négligeriez la surveillance si indispensable dans toutes les parties de votre exploitation.

Une promenade dans le jardin, le dimanche et après le travail, est un délassement. On s'intéresse aux laitues et aux choux qu'on a plantés, comme, dans la grande culture, on prend plaisir à voir pousser les froments et les betteraves.

Quelques fleurs faciles à cultiver coûteront

peu, et vous feront prendre un grand plaisir au jardinage.

Choisissez pour le jardin de ferme un bon terrain, bien exposé et le plus rapproché possible de la maison. Le voisinage d'un ruisseau ou d'une mare sera aussi une position favorable, car les arrosements contribuent puissamment à la réussite des légumes. L'eau de puits peut remplacer celle des rivières et des ruisseaux; mais il faut l'exposer quelque temps à l'air et au soleil avant de l'employer.

Tracez les allées de manière à former des carrés, cette division vous permettra d'établir une espèce d'assolement dont vous connaissez toute l'utilité. Il est avantageux d'y enlever 10 à 20 centimètres de terre pour la rejeter sur les carrés qu'elle améliore. On la remplace par du sable ou du gravier. L'allée principale doit être assez large pour qu'un petit tombereau puisse y passer.

Défoncez profondément, et drainez; ces travaux seront encore plus utiles dans les jardins ue dans les champs, et, comme je vous l'ai déjà dit, fumez fortement; vous serez largement dédommagés de vos soins.

Mais voici un mur bien exposé au soleil : pourquoi n'y mettrions-nous pas un pêcher ou un abricotier, et à la partie supérieure un cordon de vigne? Plantons aussi sur nos plates-bandes quelques poiriers et pommiers, que nous élèverons en quenouilles. La culture des arbres fruitiers forme une branche bien importante du jardinage.

Un soin indispensable au succès du jardin, c'est la récolte des graines et leur conservation. Il ne peut guère être confié qu'à des mains intelligentes, sous la surveillance de la ménagère.

Les graines doivent se récolter par le temps sec, lorsqu'elles sont bien mûres, et il ne faut les prendre que sur des individus de choix. Mettez-les dans des sacs en papier ou en toile, et inscrivez sur chacun le nom de la graine et l'année de la récolte. Ces sacs doivent être déposés dans un lieu sec, mais qui ne soit pas trop chaud.

Les graines conservent plus ou moins longtemps leur faculté germinative. Celles des crucifères, telles que choux, navets, raves, etc., lèvent encore au bout de cinq à six ans; celles des betteraves à peu près aussi longtemps; celles des laitues, carottes, persil, ognons, poreaux, peuvent encore être semées la seconde année; mais on préfère pour les haricots les semences nouvelles.

A l'abri de ce mur, où nous voulons planter un espalier, ne pourrions-nous encore placer des ruches? Elles sont très-productives et coûtent peu.

Il faut les mettre dans un lieu abrité, loin du bruit autant que possible, et sur un terrain dressé et bien propre, de manière à ce que les abeilles qui tombent par terre puissent se relever facilement.

S'il ne se trouve pas d'eau aux environs, on enfonce dans le sol un baquet rempli en partie de terre, que l'on tient recouverte de 15 à 20 centimètres d'eau. On y plante du cresson, pour que les abeilles, en se posant sur les feuilles, puissent boire sans se noyer.

Les lieux boisés, le voisinage des jardins et des prairies naturelles et artificielles, conviennent beaucoup à l'éducation des abeilles. Elles sont exposées à l'attaque de nombreux ennemis, qui, dans les ruches mal tenues et où il existe un grand nombre d'ouvertures, ne tardent pas à les détruire. Une seule ouverture suffit.

La ruche doit être posée sur un plateau en bois supporté par des pieds, et incliné d'arrière en avant pour faciliter l'écoulement des eaux.

On fait des ruches de formes très-variées; elles doivent toujours être propres à l'intérieur, car les abeilles perdraient beaucoup de temps à les nettoyer.

Presque partout, on étouffe les abeilles avec de la fumée pour récolter le miel et la cire. Cette méthode, ruineuse et barbare, peut être remplacée par un procédé beaucoup plus facile.

On construit des espèces de boîtes ouvertes à la partie inférieure et percées d'un trou de 12 à 15 centimètres à la partie supérieure. Ces boîtes, toutes de même grandeur, peuvent être placées les unes sur les autres, de telle sorte qu'on puisse en mettre de vides sur les premières, lorsque celles-ci sont pleines, et enlever ces premières. On obtient ainsi le miel et la cire sans détruire les abeilles. C'est en mai ou en juin, après la sortie des essaims, qu'on enlève une boîte ou hausse, parce que les abeilles ont encore, avant la mauvaise saison, le temps de remplir les nouvelles boîtes.

Je n'ai voulu ici que vous donner l'idée d'élever des abeilles, de les bien soigner et d'en raisonner l'éducation. Vous trouverez des livres où cette branche de l'industrie agricole est traitée d'une manière spéciale,

C'est en vous entourant de toutes ces occupations que vous prendrez goût à la vie de la campagne.

Après avoir visité vos animaux, vos cultures, le jardin réclamera vos soins, et quelques instants passés à examiner les abeilles ne seront pas les moins agréables de la journée.

Vous vivrez ainsi au milieu d'occupations douces, et vous n'aurez plus envie de sortir de votre ferme, ou vous trouverez toujours quelque chose d'utile à faire.

Plus tard, je vous enseignerai à reconnaître les plantes qui croissent dans nos prairies et nos champs; j'espère que cette étude pourra contribuer encore à vous attacher aux travaux de votre état.

40e Promenade.

Arbres.

Suivons cette avenue de grands arbres; ils nous protégeront contre la chaleur, et nous pourrons les examiner à notre aise.

Commençons par ce beau chêne; c'est l'arbre le plus utile de nos forêts; il est d'une croissance lente, mais, par compensation, son bois est dur, fort, et pourrit difficilement. On en fait des charpentes, des navires, des instruments d'agriculture, des futailles, de la menuiserie, etc. Malheureusement, il a beaucoup d'aubier, c'est-à-dire que, sous l'écorce, il se trouve un bois blanchâtre qui n'a pas encore acquis toutes ses qualités et qui pourrit promptement. Pour des constructions, il ne faut admettre d'aubier que le moins possible.

L'écorce du chêne sert à tanner les cuirs, et ses glands sont une bonne nourriture pour les porcs.

Le chêne vient partout. Cependant, il préfère les sols un peu argileux et profonds.

Voici un châtaignier qui est encore un de nos arbres les plus utiles. Son bois est moins fort que celui du chêne, mais il pourrrit aussi difficilement et peut être employé à peu près aux mêmes usages. De plus, on en fait de très-bons cercles.

Les châtaignes forment, dans quelques localités, une partie de la nourriture des habitants de la campagne. Elles sont partout d'une vente assurée. Greffez donc vos châtaigniers; ils produiront davantage et des fruits de meilleure qualité.

Le chataignier aime les terres douces, un peu sablonneuses et profondes. Il croît du reste partout.

Cet arbre, à feuilles composées d'autres petites feuilles, et dont les fleurs blanches, en forme de papillon, sont disposées en grappes, est un acacia. Comme toutes les plantes de la famille dites des légumineuses, il aime les terres calcaires. Sa croissance est très-rapide. Ses racines traçantes nuisent un peu aux terres cultivées.

Le bois d'acacia est résistant, dur, et pourrit difficilement. C'est un des meilleurs pour le charronnage; il n'a que le défaut de se tourmenter.

On fait de bons taillis d'acacia; ils poussent plus vigoureusement que la plupart des autres arbres. Élevé à haute tige, il vient moins grand que le chêne et le châtaignier.

L'orme ne croît parfaitement que sur les terres de bonne qualité, et il aime surtout celles qui sont calcaires. Ses racines sont traçantes et nuisent dans le voisinage des cultures.

Son bois est fort, élastique et convien[t]
particulièrement pour le charronnage. Il n[e]
résiste pas bien à l'humidité et pourri[t]
promptement.

Voici un arbre dépouillé de ses feuille[s]
par des insectes d'un beau vert, mais d'un[e]
odeur fort désagréable ; c'est un frêne et le[s]
insectes se nomment cantharides. Ne laisse[z]
pas paître vos vaches sous les frênes ; si elle[s]
mangeaient des cantharides, il pourrait e[n]
résulter de graves accidents.

Les charrons estiment beaucoup le boi[s]
de frêne. Il est plus fort et plus élastiqu[e]
que celui de l'orme, mais, comme ce der[-]
nier, il pourrit assez vite ; pour la menuise[-]
rie, il se tourmente trop et ne convient guèr[e]
qu'en plaquage. C'est un des meilleurs bo[is]
de chauffage.

Ce grand et bel arbre est un hêtre. C'e[st]
après le chêne un des plus grands arbres [de]
nos forêts ; mais il est beaucoup moins util[e]
son bois n'est guère propre à faire des cha[r-]
pentes, parce qu'il s'échauffe promptem[ent]
et que les vers s'y mettent. Il est fort ; [c]

l'emploie avec avantage aux ouvrages qui, sous un petit volume, ont besoin d'une grande résistance. On en fait des sabots, des attels de colliers, des tables, des écuelles, des cuillers, des bois de fusils, des boîtes à sel, etc. Comme bois de chauffage, il est fort estimé ; son fruit, connu sous le non de faîne, fait de bonne huile.

La haie qui borde cette avenue est formée d'arbres ayant, par les feuilles, quelque ressemblance avec le hêtre, ce sont des charmes.

Cet arbre se plie facilement à toutes les formes qu'on veut lui donner ; il supporte très-bien la taille ; aussi est-il souvent employé à faire des tonnelles et des haies d'a-grément.

Sa croissance est lente ; cependant il peut acquérir de grandes dimensions ; le bois en est dur, serré, fort, et convient bien pour faire des dents de machines. Il pourrit assez vite ; il brûle bien.

Je ne vous conseille pas de le planter au-tour de vos champs, comme arbre de produit.

Quel singulier arbre! son écorce s'enlève par écailles; on le dirait malade. Toutefois, ses belles feuilles, son tronc élevé et gros lui donnent un aspect de vigueur et en font un magnifique arbre d'ornement; c'est le platane. Il vient bien dans les terrains profonds et frais, sa croissance est rapide et son bois de bonne qualité. On peut le multiplier de boutures.

Dans le même massif, voici un érable sycomore qui ressemble un peu au platane par les feuilles, si ce n'est qu'elles ont des teintes plus foncées et qu'elles sont un peu moins grandes. Il ne pousse pas aussi vigoureusement que le platane, son bois est élastique et fort.

Nous trouverons dans nos haies l'érable champêtre, qui vient moins grand et dont les feuilles sont plus petites. Son bois est très-recherché des luthiers.

Presque tous les arbres que nous venons de passer en revue se multiplient de semences. Les semis et les pépinières doivent se traiter comme il a été dit pour les pommiers.

Surtout n'oubliez pas de faire les semis en terrain bien défoncé, loin des arbres et des haies, plutôt à l'exposition du nord qu'au sud. Transplantez du semis en pépinière où les jeunes arbres devront être espacés de 80 centimètres à 1 mètre en tous sens. Avec ces soins vous aurez des arbres robustes et qui reproduiront bien.

Ce bois est d'un aspect triste avec son feuillage d'un vert noirâtre. Les arbres ont des tiges élancées, quelques-unes se terminent en flèche et en une sorte de croix comme celle d'un clocher. Ce sont des sapins et des pins. Ils ne perdent pas leurs feuilles en hiver.

A peu près tous ces arbres contiennent de la résine. Leur bois est léger, assez fort et convient pour la construction des charpentes et la mâture des bâtiments. Il ne résiste pas aussi bien à l'humidité que le châtaignier et le chêne.

Les plus communs sont : le *grand sapin* ou sapin commun, l'épicéa, le pin sylvestre et le pin maritime ; ce dernier se sème ordinairement dans les landes.

Voici encore un très-grand arbre qui ressemble aux sapins, sa tige se termine par un rameau un peu incliné et grêle; c'est un cèdre du Liban. Son bois, qui est de bonne qualité et presque incorruptible, exhale une odeur fort agréable.

Le mélèze est encore un arbre résineux; ses feuilles, moins foncées que celles des espèces précédentes, se renouvellent chaque année; sa croissance est rapide. Le bois en est bon et pourrit fort lentement,

Les arbres résineux ne repoussent pas après avoir été coupés; ils se multiplient de graines.

Descendons sur les bords de la rivière, nous trouverons d'autres arbres.

L'aune, dans les terrains marécageux et même inondés. Son bois, promptement attaqué par les vers, est de mauvaise qualité; il ne se conserve qu'entièrement plongé dans l'eau.

Le saule réussit à peu près dans les mêmes terrains; son bois est meilleur.

Les peupliers sont de beaux arbres, que

leur croissance rapide rend très-productifs ; leur bois, quoique léger et mou, peut faire des charpentes et de la menuiserie assez bonne, lorsqu'elle n'est pas exposée à l'humidité.

Les peupliers les plus communs sont : le peuplier pyramidal, qui ne réussit bien que dans les terrains sablonneux, profonds et frais ; le peuplier noir, à toutes petites feuilles, qui s'accommode de terrains un peu moins frais, et s'exploite en *têtards* ; le peuplier de Virginie, dit Suisse, prospérant dans tous les terrains frais, est un des meilleurs à cultiver ; le peuplier de la Caroline, dont les feuilles sont plus larges que celles des autres espèces ; enfin, le peuplier blanc, très-grand, qui vient à peu près partout et dont la croissance est très-rapide. C'est un des plus productifs et des moins délicats. Malheureusement, ses racines traçantes ne permettent guère de le planter très-près des terres cultivées.

Le tremble, qui est aussi un peuplier, est encore plus traçant et plus nuisible que le peuplier blanc.

L'aune, le saule et les peupliers se multiplient de boutures.

Ces arbres à branches flexibles et à écorce blanche sont des bouleaux ; ils viennent dans les terrains les plus arides.

Les noyers ne prospèrent bien, comme nous l'avons vu, que dans les terrains calcaires. Les noix donnent une huile assez bonne. Le bois de noyer est beau et recherché des menuisiers, mais il ne convient pas pour les ouvrages qui doivent être exposés à l'air.

Le bois de cerisier est très-employé pour faire des meubles. Il est bon aussi pour le charronnage et les charpentes.

Que ce léger aperçu sur les arbres vous apprenne qu'il faut placer chaque espèce dans le terrain qui lui convient et que les bois ne peuvent pas être employés indistinctement à tous les usages.

Vous qui êtes jeunes, plantez beaucoup, soignez vos arbres, vous en tirerez grand plaisir, et plus tard grand profit. Quand

vous serez vieux, plantez encore; le plaisir sera pour vous et le profit pour vos enfants.

41e Promenade.

Vignes.

Nous avons parcouru les champs, les prairies, les jardins, et nous nous sommes reposés sous les arbres croyant nos promenades terminées.

Cependant, n'aimeriez-vous pas à visiter ces côteaux couverts de vignes? Partons, la grande route nous y conduira, et précisément à l'endroit où elle les coupe, il sera facile de reconnaître la nature du terrain qui les compose.

Voyez, la couche superficielle est calcaire, pierreuse, et repose sur une argile rougeâtre; c'est en général la meilleure terre pour la vigne.

Toutefois, on rencontre dans l'Anjou des

sols schisteux produisant d'excellents vins, et ailleurs, quelques terres granitiques font aussi de bons vignobles.

Voici une portion de vigne qui fut plantée l'année dernière avec des plants enracinés et élevés comme en pépinière. Cette autre l'a été avec des crochets ou crossettes; ce sont des boutures qu'on appelle ainsi, parce qu'on les choisit, autant que possible, dans les branches terminées par un crochet sur lequel les jeunes racines se développent plus facilement.

Ces deux vignes réussiront peut-être également bien. Du reste, on avait défoncé le sol avant la plantation; c'est une condition nécessaire qu'il ne faut jamais oublier.

Remarquez que les plants sont disposés en lignes espacées régulièrement en tous sens. On pourrait ainsi exécuter avec la charrue et la houe à cheval tous les travaux de culture. Ils seront mieux faits qu'à la main et beaucoup moins coûteux.

L'espacement des lignes a été l'objet de nombreuses discussions. Je me bornerai à

vous dire que, dans les pays de plaines, on éloigne quelquefois les rangs de 3 à 4 mètres et même davantage, de manière à faire d'autres cultures entre les vignes. Sur les côteaux, on espace trois à quatre fois moins. On a remarqué que les vignes serrées ne donnent pas autant de vin que celles où on a laissé plus d'espace, et encore il est de moins bonne qualité.

Ces tas de terreau sont composés de fumiers bien consommés, de marne, de chaux, de cendre, et dans quelques-uns, je trouve des chiffons de laine, des os, des rognures de corne. Lorsqu'ils seront assez faits, ils serviront à engraisser et amender les vignes. Les fumiers proprement dits, surtout lorsqu'ils sont frais, ne conviennent pas; les engrais fétides font des vins de mauvaise qualité.

On général, on laboure et on bêche les vignes en mars, en mai, en août et septembre, et quelquefois en novembre. Elles doivent être tenues propres comme les plantes sarclées. Cependant, il faut s'abstenir de les travailler pendant la floraison.

J'aperçois le propriétaire de cette vigne ; il nous permettra d'entrer dans sa cave pour nous reposer. Asseyons-nous et disons quelques mots sur la taille et sur la récolte.

La taille est l'opération la plus importante, dont dépend surtout la durée et le produit de la vigne.

Les vignes que nous venons de parcourir sont *basses*. Ce sont celles qui conviennent dans les climats tempérés, parce qu'elles profitent mieux de la chaleur que si elles étaient très-élevées. On les taille suivant leur force ; c'est-à-dire qu'on taille courts les seps faibles, et longs les seps vigoureux. J'ai vu des vignes très-anciennes encore belles et d'un beau produit, parce qu'elles avaient été traitées avec soin et taillées avec intelligence. D'autres, au contraire, se dépeuplent, produisent peu et doivent être arrachées pour quelques années de mauvaise direction.

On rajeunit et on repeuple les vignes au moyen du provignage, qui consiste à coucher les vieux seps dans des fosses, ne laissant

sortir que deux ou trois des sarments les plus vigoureux, que l'on rabat à deux ou trois bourgeons au-dessus du sol. Le provignage se fait au printemps. Il est bon de mettre du terreau sur les provins.

Lorsque les tiges des vignes poussent très-longues, on les soutient au moyen de tuteurs ou échalas.

Pour la récolte, il faut attendre la complète maturité et, autant que possible, la faire par un beau temps.

Si on veut avoir du vin de choix, on doit mettre de côté les grappes les moins mûres dont on retirera un vin qui servira à la consommation ordinaire.

En général, on ne prend pas assez de précautions pour la récolte du raisin et la fabrication du vin. Cependant, la qualité du vin dépend en grande partie des soins qu'on y donne. Aussi se trouve-t-il dans le même vignoble des caves qui vendent leurs vins 10 fr. plus cher par barrique que celui de leurs voisins, produit par un terrain tout analogue et dans les mêmes circonstances d'exposition. Cette différence ne tient qu'aux soins du propriétaire.

Pendant cette courte promenade, je ne peux vous faire un cours complet. J'ajouterai seulement qu'il est possible d'obtenir de bon vin dans les vignobles médiocres et même en mauvaises années.

Le vigneron qui a bien voulu nous donner l'hospitalité en offre la preuve en nous faisant goûter du vin d'une mauvaise année que nous avons trouvé fort bon. Demandez-lui comment il l'a traité. Il avait ajouté dans chaque barrique, à l'époque de la fabrication, quelques kilogrammes de sucre ou de cassonnade pour remplacer le principe sucré qui n'avait pu se former dans le raisin en assez grande quantité, sous l'influence d'une température trop froide et trop humide.

FIN.

TABLE DES CHAPITRES.

FIN DE LA TABLE.

Coulommiers. — Imprimerie de A. MOUSSIN.